工学基礎シリーズ

# オペレーティングシステム

安倍広多
石橋勇人
佐藤隆士　共著
松浦敏雄
松林弘治
吉田　久

OHM
Ohmsha

著　者　安 倍 広 多（大阪公立大学 大学院情報学研究科 教授，
　　　　　　　　　　　　第2章，第3章，第4章（但し，4.3節4.は共著））

　　　　　石 橋 勇 人（大阪公立大学 大学院情報学研究科 教授，第9章）

　　　　　佐 藤 隆 士（大阪教育大学 情報基盤センター長（特任教授），
　　　　　　　　　　　　4.3節4.（共著），第5章，第6章）

　　　　　松 浦 敏 雄（大和大学 理工学部 教授，大阪市立大学名誉教授，
　　　　　　　　　　　　第1章，第7章（共著））

　　　　　松 林 弘 治（リズマニング 代表（フリーランスエンジニア），
　　　　　　　　　　　　Project Vine 副代表，第7章（共著））

　　　　　吉 田　　久（近畿大学 生物理工学部 教授，第8章）

（五十音順）

本書を発行するにあたって，内容に誤りのないようできる限りの注意を払いましたが，
本書の内容を適用した結果生じたこと，また，適用できなかった結果について，著者，
出版社とも一切の責任を負いませんのでご了承ください.

# まえがき

　本書は，大久保英嗣 編著「新世代工学シリーズ オペレーティングシステム」をベースに，技術の進歩に合わせ，全面的に書き直したものである．

　現在，PC やスマートフォンは私たちの生活に欠かせないものとなっている．また，自動車や家電製品をはじめ，あらゆるものにコンピュータが組み込まれるようになっている．コンピュータにおいて最も基礎となるソフトウェアがオペレーティングシステム（operating system; OS）である．OS はコンピュータのハードウェアを抽象化し，アプリケーションプログラムが使いやすいインタフェースで使用できるようにする．また，システムが円滑に動作するようにメモリやプロセッサなどの資源の割当てを行う．

　コンピュータを理解するうえで，OS を理解することは重要である．本書は主に大学や高専の情報系の学部においてテキストとして使用されることを想定し，OS における基本的な概念や，内部で使われている技術を解説している．

　読者には，C 言語などの高水準言語をある程度習得し，配列や連結リストなどのデータ構造に関する知識があることを想定している．

　本書は以下のような構成になっている．

　第 1 章では，まず OS とはどのようなもので，そして何を行うためのものかについて簡単な説明を行っている．OS とは何か，OS の目的，OS の構成要素と構成法などについて解説する．また，その発展の歴史についても紹介している．ここで OS の全体像を把握しておくことで，第 2 章以降で順を追って説明している内容の関係性がわかりやすくなるであろう．

　OS はコンピュータのハードウェア上で直接動作する．第 2 章では，OS を理解するために必要なコンピュータのハードウェアについて概説している．

　OS 上で実行中のプログラムのことをプロセスという．第 3 章では，OS がプロセスをどのように扱うかについて説明している．この章では実行ファイル，プロセスの生成と終了，スレッド，システムコール，スケジューリング，排他制御と同期，プロセス間通信などを取り上げる．

　また，プロセスが動作するにはメモリが必要である．第 4 章では，メモリ管理について説明している．物理記憶ベースのメモリ管理方式，仮想記憶，動的リンクなどを扱う．

　第 5 章では，ファイルシステムについて説明している．すなわち，各種のファイルやディレクトリの構造，それらの操作と実装方法，保護についてまとめてある．さらには，ファイルシステムの具体例などを紹介している．ファイルシステムは初学者にはなかなか理解が難しいところがあるが，なるべく初学者の目線でわかりやすく解説するよう心がけた．

　第 6 章では，入出力制御について説明している．入出力のしくみ，入出力完了の検出方法，プロセッサとメモリからなる内部装置との関係などを説明している．入出力装置は概して動作が遅いため，適切に扱わなければシステム全体の処理性能の低下要因となりかねない．本章の説明を理解することで，これらへの対応のアプローチの重要性に気が付くであろう．

　第 7 章と第 8 章では，それぞれ現在広く使用されている Unix 系 OS と Windows について説明している．第 6 章までの内容を理解したうえで，日ごろ使用している実際の OS がどのように実現されているかを知ることで，OS 全般をより深く理解できるであろう．

　第 9 章では，コンピュータや OS の仮想化技術について説明している．すでに，サーバにおける仮想化は必須の技術といえるほど普及しているが，それだけに留まらず，クライアント PC においても利用可能となっており，さらなる発展が見込まれる．まだ変化の激しい分野であるため，最新の動向にも注視しつつ読んでいただければ幸いである．

　本書の草稿に対してさまざまなコメントをいただいた坂下 秀氏，柴 淳一氏，武本充治氏，寺西裕一氏，村田修一郎氏に感謝する．また，著者の一部入れ替わりにより，本書ではお名前のない前版の編著者の大久保英嗣先生ならびに著者の白川洋充先生に，執筆の機会を与えてくださったことに対してお礼を申し上げる．

2022 年 8 月

　　　　　　　　　　　　　　　　　　　著者らしるす

# 目　　次

## 第 1 章　　OS の概要

## 第 2 章　　コンピュータのハードウェア

## 第 3 章　　プロセス

# 第7章　Unix系OS

# 第8章　Windows

# 第9章　コンピュータやOSの仮想化

# 第1章
# OSの概要

**オペレーティングシステム**（operating system; **OS**）は，ユーザとコンピュータハードウェア（以下，ハードウェア）の間にあって，ユーザに対してプログラムを実行するための環境を提供するソフトウェアである．**基本ソフトウェア**とも呼ばれる．OSは，ハードウェアをユーザにとって使いやすいものにし，かつ効率的な方法で動作させることを目標として設計されている．本章では，OSとはどのようなもので，そして具体的に何を行うためのものかを説明する．

1.1節では，なぜOSが必要かについて簡単に説明する．次に，1.2節でOSの構成要素，および，提供する機能について説明する．1.3節ではOSの歴史を，1.4節ではさまざまな機器に組み込まれた制御用のOSについて，1.5節ではスーパーコンピュータのOSについて概観する．

## 1.1　なぜOSが必要か

コンピュータのハードウェア（hardware）は

- 中央処理装置（central processing unit; **CPU**，もしくはプロセッサ（processor）と呼ぶ）

- 主記憶装置（メインメモリ（main memory），もしくは単にメモリと呼ぶことも多い）

- 補助記憶装置（auxiliary storage，**2**次記憶装置（secondary storage），もしくはストレージとも呼ぶ）

と，その他の入出力装置から構成される．

さて，コンピュータ上でプログラム（program）を動かすためには，何が必要だろうか．

プロセッサはメモリ上におかれた機械語のプログラム中の各命令を順次，プロセッサ内に取り込み，解読・実行を繰り返すことでプログラムを実行する．初期のコンピュータは1つのプログラムをメモリに載せて，そのプログラムの実行が終了すると，次のプログラムをメモリに載せるということを繰り返していた．その後，単位時間あたりの処理量を増やすために複数のプログラムを並行して動かしたいという要求が出てくるようになって，複数のプログラムを同時にメモリ上に配置することが必要になってきた．このためには，メモリの各部分がどのプログラムによって占有されているか，あるいは，どの部分が未使用であるかなどの管理が必要となる（メモリ管理（memory management））．

ここで，実行中のプログラムをプロセス（process）と呼ぶ．複数のプロセスを並列，もしくは並行して動作させるためには，それぞれのプロセスの状態を詳細に管理する必要が生じる（プロセス管理（process management））．

メモリは通常，電源を切るとその内容が失われるという性質をもつ（揮発性（volatility））ので，プログラム自身や，プログラムが扱うデータなどは，ファイルとして補助記憶装置においておく．したがって，補助記憶装置内のどこにどのようにして保存し，どのようにプログラムからファイルの読み書きを行うかのしくみも必要となる（ファイル管理（file management））．

さらに，キーボードやプリンタなどの入出力装置（input-output（I/O）device）からデータを読み込んだり，書き出したりするには，それぞれの装置の知識が必要であったり，複雑な操作を必要とすることが多い．同じ目的の装置であっても一般に製品ごとに制御の方法が異なり，個々のプログラムが個別にさまざまな入出力機器に対応するのは困難であるので何らかの対策が必要である（入出力制御（input/output（I/O）control）．

以上のような管理機能を，個々のアプリケーションプログラム（application program）[1]が個別に備えることはできないので，これらの管理機能を備えたプロ

---

[1] 文書作成，WebブラウザなどのOSが提供する機能を利用して動作するプログラム．ユーザプログラム（user program）ともいう．

グラムとして OS を用意する．これによって，個々のアプリケーションプログラムの負担を大幅に軽減している．

　これらの管理機能に加えて，OS の重要な役割として抽象化（abstraction）がある．いろいろな場面で OS による抽象化が行われているが，ここでは，ハードウェアの抽象化を例に説明する．補助記憶装置からデータを読み込む場合，補助記憶装置内のどの場所からデータを読むのかなどを細かく指定しないといけない．さらに，その指定方法も製品によって一般に異なっている．個々のプログラムがあらゆる製品に対応しようとしたらきわめて面倒であることは容易に想像できるだろう．この問題に対して，OS は，ハードウェアを抽象化してアプリケーションプログラムに対して，ファイル（file）というしくみを提供している．すなわち，データのかたまりであるファイルに対してファイル名を付与し，ファイル名を指定するだけで，所望のデータにアクセスできるようにしている．補助記憶装置だけに留まらず，プリンタなどの入出力装置もファイルという概念で抽象化している OS もある．このほかにも，割込み処理（後述），メモリ管理などについても，抽象化が行われており，アプリケーションプログラムはその恩恵を受けている．

　また，異なるメーカ，あるいは異なるアーキテクチャのコンピュータ上で同一のソフトウェアを動作させることも OS の抽象化によって実現されている．

## 1.2　OS の構成

　前節で述べたとおり，OS は，プログラムの実行，メモリや入出力機器などの資源の割付けと保護，入出力操作，ファイル操作などのような各種のサービスを提供する．このような各種のサービスを実現するための中核となるプログラムをカーネル（kernel）と呼ぶ．カーネルは通常，メモリ上に常駐している．

　カーネルはさまざまなサービスを提供しているが，アプリケーションプログラムがカーネルのサービスを受けるには，システムコール（system call）という機構を使用する．また，カーネルはメモリ領域の管理，および，周辺機器やネットワーク，タイマなどの入出力装置からの割込みに対する処理を行うなど，システム全体の管理も担っている．

　カーネルは狭い意味での OS ということができるが，カーネルが提供する機能

以外にも，OS の機能に含めるものが存在する．これらを広い意味での OS と呼ぶ．広い意味での OS には

i) OS に対するユーザインタフェースを提供するシェル（shell）
ii) OS の起動時から常時，バックグラウンドで動き続けているプログラム（バックグランドプロセス（background process））のうち，システムの動作を支援するために動いているもの
iii) OS に付属するアプリケーションプログラム

などが含まれる．

ii) のバックグランドプロセスには，ユーザのログインを司るサービス（ログインパネルを表示し，入力された ID とパスワードを検証する），印刷要求を順に処理するためのプリンタスプーラ（printer spooler），設定した時刻にプログラムを起動するためのプロセスなどがある．PC（personal computer, パソコン）の利用時には，数十個のバックグランドプロセスが動作しているのが通常である．

図 **1.1** に OS の一般的な構成を示す．

システムコールを通して提供されるカーネルのサービスには，ファイルや入出力装置へのアクセス要求や，メモリ領域の要求，他のプログラムの起動などがある．

カーネルから補助記憶装置や入出力装置などのハードウェアへのアクセスは，カーネル内のデバイスドライバ（device driver）を経由して行われる．デバイスドライバはハードウェアごとの違いを吸収して，統一したアクセス方法を提供するしくみである．

## 1. カーネルの機能

以下では，カーネルの主な機能について説明する．

### (1) プロセス管理

OS 上で実行中のプログラムをプロセス（process），もしくは，タスク（task）と呼ぶ．プロセスは，プロセッサが割り当てられた実行中の状態や，プロセッサの割当てを待っている状態など，複数の状態を遷移する．

プロセス管理は，プロセスを生成したり，消滅させたりして，システム内のすべてのプロセスの状態を把握し，管理する．

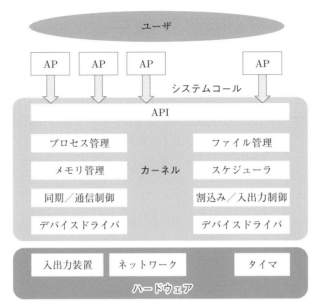

図 **1.1** OS の構成
(AP：アプリケーションプログラム，
API：アプリケーションプログラミングインタフェース)

**(2) スケジューラ**

プロセス間でプロセッサを短時間で切りかえることによって，OS は複数のプロセスを，同時に動いているように見せかけることができる．このような複数のプロセスを並行して処理する方式をマルチタスク（multi-task）という．マルチタスクの利点は，プロセッサの利用率を上げ，システム全体の単位時間あたりの処理量（スループット（throughput））を高めることにある．

スケジューラ（scheduler）は，主としてタイマ（時間管理を担うハードウェア）からの割込み（後述）によって起動し，各プロセスの状態（待機状態，実行可能状態，実行中など）を把握し，プロセッサをいつ，どのプロセスに割り付けるべきかを決定する．

**(3) 同期と通信**

並行に動作する複数のプロセスがデータやプログラムなどの資源を共有する場合，それらの間で矛盾のない処理を実現する必要がある．また，協調して処理を行

う場合，それらの間で連絡をとり合わなければならない．同期（synchronization）と通信（communication）は，このように複数のプロセスが協調して動作する場合に必要な機能である．

OS は，プロセス間の同期と通信のための基本的な機能を提供している．

### (4) メモリ管理

メモリ管理は，OS の設計に影響を与える重要な機能である．前述のとおり，プログラムやデータは，実行もしくは参照に先立って，補助記憶装置からメモリ上に配置しておかねばならない．メモリ管理は，メモリの空き領域を管理し，複数のプログラムやデータをメモリ上に配置する（ロード（load）する）とき，それらをメモリのどこに配置するのかを決定する．

マルチプログラミングを可能とするためには，メモリ上に複数のプロセスを同時に存在させることが必要となるが，仮想記憶（virtual memory）は，プロセス全体がメモリ上にない場合でも，プロセスの実行を可能とする技術である．これによって，システムに実装されているメモリよりも大きなプログラムを実行させることもできる．

### (5) 割込みと入出力制御

割込み（interrupt）は，入出力機器の状態などをプロセッサに伝えるためのしくみである．割込みは実行中のプログラムの流れとは独立に発生するので，割込みを制御するためのハードウェアが必要である．プロセッサが割込みを検知すると，実行中のプログラムを一時的に中断し，その実行状態を保存し，あらかじめ用意している割込み処理ルーチン（interrupt handling routine）（割込みハンドラ（interrupt handler）ともいう）に制御を移す．割込み処理ハンドラでは，発生した割込み要因の解析を行い，割込み要因に応じた処理を行い，処理後，実行中のプログラムに制御を戻す．

入出力制御は，システムに接続されている入出力装置を効率的に使用できるよう，各装置を制御している．なお，割込み，入出力制御のそれぞれの具体的な処理方式は，それらを実装するハードウェアに依存する．

### (6) ファイルシステム

ファイルは，データの名前付けられた集合であり，データやプログラムを格納するための論理的な単位である．ファイルシステム（file system）は，ファイルをディスクなどの補助記憶装置上に格納し，ファイルの一貫性の制御などを行うも

のである.

　また, ファイルシステムは, ユーザがファイルを簡単に使用できるようにするために, 複数のファイルの保管庫としてのディレクトリ (directory, もしくはフォルダ (folder) ともいう) を管理している. さらに, それぞれのファイルに対して, アクセスできるユーザを限定する機能 (アクセス制御 (access control), もしくはファイル保護 (file protection) ともいう) も実現している.

**(7) ブートストラップ**

　電源を入れてから OS が起動するまでの一連の動作をブートストラップ (boot-strapping) もしくは単にブート (boot) と呼ぶ.

　プログラムを実行するときにはメモリ上に存在している必要があるが, 通常のプログラムはカーネルによってメモリ上に載せられる. 一方, OS 自体もプログラムであるので, 実行させるには, 何らかの方法でメモリ上に載せる必要がある.

　そこで ROM (不揮発メモリ) もしくはフラッシュメモリ上に小さなプログラムをあらかじめ用意しておき, 電源投入時にこれが動作することで, 補助記憶装置内の特定の場所におかれたブートローダ (boot loader) と呼ばれるプログラムをメモリ上に載せて, 起動する. ブートローダは補助記憶装置内におかれているカーネルを読み込み, メモリ上に載せて, 最後にカーネルに制御を移す (詳細は 2.6 節参照).

**(8) セキュリティ**

　OS には, セキュリティ (security) に関する機能も必要である. これに関する基本的な機能として, ユーザがあらかじめ登録されたユーザであることを認証する機能があるが, 多くの OS では, ログイン時にユーザ名とパスワードを入力させることで実現している.

　また, 個々のファイルについて, どのユーザが,「読む」「書く」「実行する」ことができるかなどのアクセス制御の機能も備えている.

## 2.　カーネルの構成法

　カーネルもプログラムである. カーネルは直接ハードウェアの制御を行う必要があるので, 古くは, それぞれのコンピュータごとのアセンブリ言語 (assembly language) で記述せざるをえなかったが, 現在では, カーネルのほとんどの部分は C 言語などの高水準言語 (high-level language) で記述されている.

以下では，カーネルの構成法について述べる．

**(1) モノリシックカーネル**

　カーネルとして提供する機能のほとんどすべてを 1 つのプログラムに取り込んで一体化したものをモノリシックカーネル（monolithic kernel）という．

　モノリシックカーネルの場合，カーネル全体が一体化しているため，実行速度が速い．しかし，カーネルを構成するすべてのモジュールがリンクされて 1 つのプログラムとして構成されているため，機能の一部を削除もしくは追加しようとしたとき，カーネル全体を再構成しなければならない．Linux などの Unix 系のOS の多くでは，このモノリシックカーネルが採用されている．

**(2) マイクロカーネル**

　割込み処理やプロセス間通信の処理など，OS の中核となる必要最小限の機能だけをカーネル内で実現し，それ以外の機能をカーネル外のプロセスにより実現する方式をマイクロカーネル（micro kernel）という．これにより，カーネルの担う各機能が整理でき，移植や機能追加も容易になる．

　しかし，カーネル外に移した機能を実現するプロセスどうしの通信のオーバヘッドが大きくなって速度の低下の原因となることもある．

　マイクロカーネルの代表的なものとして，Carnegie Mellon 大学の Richard Rashidらによって開発された **Mach OS** が知られている．Mach OS は，BSD UNIX（1.3 節 2. (5) 参照）と完全互換の仮想記憶をサポートしたマルチユーザ・マルチタスクの OS である．

　また，一部のモジュールをカーネル内に取り込むなど，モノリシックカーネルとマイクロカーネルのハイブリッドな構成をとるものも出てきている．実際，現在の Windows や macOS は，ハイブリッドな構成となっている．

**(3) カーネルの移植性の向上**

　初期の OS は，特定のハードウェア専用としてつくられていたが，現在では，さまざまなハードウェア上で同じ OS が動作することが求められている．カーネル自体の移植性を向上させるために，ハードウェアを抽象化するレイヤ（hardware abstraction layer）を導入して，ハードウェア依存の部分とそうでない部分を切り分けることが行われている（8.3 節 1. 参照）．

　また，プロセッサのアーキテクチャなどのデバイス依存の部分と，そうでない部分の分離なども行われている．

## 3.　シェル

　一般的にカーネルはユーザの命令を直接受け取るようにはできていない．ユーザがコンピュータを利用する際には，ユーザインタフェースを提供するアプリケーションプログラムレベルのソフトウェアを通して利用する．このためのソフトウェアとしては，文字ベースのユーザインタフェース（character user interface; **CUI**）を提供するものと，マウスやビットマップディスプレイを活用したグラフィカルユーザインタフェース（graphical user interface; **GUI**）を提供するものがある．

　前者の代表的なものとして UNIX の sh, bash 等のシェルがある．複数のプログラムを並行して動作させたり，プログラムを強制終了させるなど，シェルを通して OS の機能を利用できる．

　後者の代表的なものとして，Windows の File Explorer や Mac の Finder などがある．

# 1.3　OS の歴史

　OS の発展の歴史を簡単に振り返ってみよう．まず，大型汎用計算機の OS についてその発展の過程を振り返り，次に，マイクロプロセッサを用いたコンピュータの OS について概観する．

## 1.　大型汎用計算機の OS

　コンピュータのハードウェアは，真空管（第 1 世代）から，トランジスタ（第 2 世代），集積回路（第 3 世代），大規模集積回路（large-scale integration; LSI）（第 4 世代）と，記憶素子の構成によってその世代が区別されている．これらの世代交代において，記憶素子の価格，大きさ，発熱量，消費電力などの低減と，処理速度および記憶容量の増大がなされてきている．

　本項では，大型汎用計算機の OS の歴史をハードウェアの世代とともにみていく．

### (1) 第 0 世代

　1940 年代ごろの初期のコンピュータシステムには，OS が存在しなかった．したがって，この時代は OS の第 0 世代と呼ぶことができよう．この当時，ユーザは機械語を使用してプログラムを作成し，コンピュータ本体のパネルスイッチから直接メモリにロードしていた．

## (2) 第 1 世代

　1950 年代に入って，複数のジョブ（job）[2]を連続して処理する OS が現れた．この時代が OS の第 1 世代である．それまでは，1 つのジョブが完了してから次のジョブが開始されるまでに非常に時間がかかっていた．このため，第 1 世代のOS では，ジョブがシステムに投入されるまでの時間と，システムから結果を取り出す時間を短縮することに主力が注がれていた．

　1 つもしくは複数のジョブを一括して処理することをバッチ処理（batch processing）という．バッチ処理では，プログラムに対するすべての入力をあらかじめ与えておき，バッチ処理の実行中には直接ユーザからの入力を受け付けない．

　このころは現在のような端末（terminal）は普及する以前であり，コンピュータへのデータの入力手段は主にパンチカード（IBM カードとも呼ばれる）であった．パンチカードにカード穿孔機を用いて穴を開け，その位置で情報を記録していた．パンチカードでは，1 枚がプログラムの 1 行に対応しており，コンピュータに入力する際にはこれを束にしてカードリーダに通していた．ジョブを実行する際には，ジョブを構成するプログラムおよびデータのカードの前に，制御カードがおかれていた．

　OS は，制御カードによって指定された順序でジョブを自動的に並べ，制御カードがプログラムの実行を指定しているときは，プログラムをメモリにロードし，そのプログラムに制御を渡す．プログラムの実行が完了すると，OS に制御を戻し，次の制御カードの処理が行われる．これが，当該ジョブのためのすべての制御カードが処理されるまで繰り返される．このようなバッチ処理を行うシステムをバッチシステム（batch system）という．

## (3) 第 2 世代

　第 2 世代（1960 年代前半ごろ）になると，OS はバッチ処理とともに，マルチプログラミング機能も提供するようになった．マルチプログラミングシステムでは，複数のプログラムを同時にメモリ上におくことができ，プロセッサはそれらのプログラム間で切りかえて使用される．このような処理形態を並行処理（concurrent processing）ともいう（3.1 節 2. コラム参照）．

　また，ユーザが，直接もしくは通信回線を通して接続された端末に向かって，

---

[2] コンピュータの処理単位．プログラムとほぼ同義である．

コンピュータシステムと対話しながら作業を行う**タイムシェアリングシステム**（time sharing system；**TSS**）もこのころに開発された．タイムシェアリングシステムでは多数の端末が通信回線で 1 台のプロセッサに接続されており，複数のユーザが各自の端末を介してサービスを受けていた．初期の端末は，タイプライタのような形状で，入力装置としてのキーボードと出力装置としての紙への印字機能を備えていた．その後，キーボードとディスプレイを備えた端末が利用されるようになった．

タイムシェアリングシステムでは，**タイムスライス**（time slice）と呼ばれる一定量の短い時間に区切って，プロセッサをそれぞれのプロセスに順に与えることによって，複数のタスクを順に処理する．これによって，複数のユーザが 1 つのシステムを利用していても，個々のユーザにはあたかも自分専用のシステムがあるように見える．

以上の技術により，ユーザは要求を端末から入力してシステムに伝え，システムは直ちにその要求を処理し，応答をユーザの端末に返すという，現在の対話型の処理が実現され，プログラム開発における労力が大幅に軽減されることとなった[※3]．

この時代にすでに，メモリにおききれない大きなプログラムを実行するための方法として仮想記憶の概念が発明され，1961 年に Manchester 大学で開発された Atlas オペレーティングシステムで初めて採用されている．しかし，まだ実用規模のものはなく，本格的な普及は第 3 世代を待つ必要があった．

**(4) 第 3 世代**

IBM のシステム/360 シリーズコンピュータ（本章末のコラム参照）に代表される第 3 世代のコンピュータシステムは汎用のシステムとして開発された．これによって，複数の処理形態を同時に提供できるようになった．すなわち，それまでに開発されたバッチ処理，マルチプログラミング，タイムシェアリングなどの機能をすべて提供するものであった．このようなシステムを**大型汎用計算機システム**（general purpose system），もしくは**メインフレーム**（main frame）と呼ぶ．

--------

[※3] それまでのプログラム開発は，バッチシステムで行われていた．そのため，プログラムの修正を行う際に，パンチカードをつくり直してカードリーダに再投入する必要があり，わずかな修正であっても実行結果が得られるまで数時間を要することもあった．

**(5) 第 4 世代**

第 4 世代の大型汎用計算機システムは，CPU に LSI を採用したことにより大幅に性能が向上したが，OS のアーキテクチャは，第 3 世代のものをそのまま受け継いでいる．

## 2. マイクロプロセッサ出現後の OS

それまでのプロセッサは，多数の IC や LSI を組み合わせてつくられていたが，1971 年，1 つの LSI のみでプロセッサを構成する世界初のマイクロプロセッサである **Intel 4004** が登場した．これによって，マイクロプロセッサの時代の幕が開いた．4004 自体は電卓用に開発されたものであったが，1974 年に発表された Intel 8080 は汎用のプロセッサとしての機能を備えた最初のマイクロプロセッサとなった．

これ以降，マイクロプロセッサの性能は指数関数的に向上を続けている[4]．

その後の PC を含めたシステムのプロセッサの大半では，マイクロプロセッサが採用されている．以下ではマイクロプロセッサを用いたコンピュータの OS について紹介する．

**(1) CP/M**

1970 年代以降，マイクロプロセッサを用いた PC が各社から販売されるようになったが，当初は初心者向けのプログラミング言語である BASIC のインタプリタを備えた BASIC 専用機がほとんどであった．

マイクロプロセッサ用の汎用の OS として最初に登場したのは，1976 年にデジタルリサーチ社の Gary A. Kildall が，Intel 8080 用に開発した **CP/M**（control program for microcomputer）である[5]．

CP/M は 1 人の利用者が 1 台のシステムを専有使用するシングルユーザ向けの，同時に 1 つのプログラムしか動作させることができない（シングルタスク）OS である．補助記憶装置として 8 インチのフロッピーディスクを対象とし，16 KB 以上 64 KB 以下のメモリで動作し，ディレクトリは単階層で，ファイル名は，拡張子以外の部分（ファイル名の．より前の部分）は最大 8 文字，拡張子（．より後

---

[4] 半導体の集積度は 18 か月〜24 か月で 2 倍になるという，ムーアの法則が知られている．

[5] 後に Intel 8086 プロセッサ用として開発された CP/M-86 と区別するため，CP/M-80 とも呼ばれる．

の部分）が最大 3 文字に制限されていた．当時は 8080 用の汎用 OS としてほとんど唯一の選択肢であった．

この CP/M 上で，C, PASCAL, FORTH などのコンパイラや，Multiplan などの表計算ソフトなど，多くのソフトウェアが開発された．

## (2) MS-DOS

1981 年，IBM は 16 ビットの Intel 8086 を用いた PC（IBM-PC）を発表した．この IBM-PC 用の OS として提供されたのが **MS-DOS** である[6]．それ以降は，IBM PC およびその互換機（**IBM-PC 互換機**（IBM-PC compatibles）と呼ばれる）[7]を含め，当時の PC 用の OS として圧倒的なシェアを獲得した．

MS-DOS は，シングルユーザ・シングルタスクの OS であり，階層化ディレクトリをサポートしていた．フロッピーディスクあるいはハードディスク上のファイルシステムは，FAT ファイルシステムと呼ばれるシンプルなもので，ファイル名は CP/M と同じく 8 文字 + 3 文字の拡張子に制限されていた．メモリは，最大 640 KB まで実装することができた．

## (3) Mac（Macintosh）の OS

Apple は，1984 年，Motorola MC68000 をプロセッサとして採用した **Macintosh** を発売した．Macintosh は，Steve Jobs が Xerox のパロアルト研究所の Alto コンピュータに触発されて開発したもので，ビットマップディスプレイとマウスを備えた当時としてはきわめて先進的な PC であった．

Macintosh の OS（いまでは，**Classic Mac OS** と呼ばれている）は，協調型マルチタスクをサポートしたシングルユーザ用の OS であり，マルチウィンドウを提供していた．

1985 年，Steve Jobs は，Apple を辞めて，新たに NeXT 社を設立し，主として教育用の究極のコンピュータの開発を目指していた．そこで，Mach OS に注目し，Mach OS の開発メンバの Avadis A. Tevanian Jr. を NeXT 社に迎え入れて 1988 年，Mach OS ベースの OS である NeXTSTEP を搭載した NeXT コンピュータを発表した．

一方，1990 年代に入って，Apple は新しい OS の開発に行き詰まり，1996 年

---

[6] 当初は **IBM PC DOS** と呼ばれていたが，1982 年に Microsoft が MS-DOS の名前で IBM 以外のメーカに供給を開始した．

[7] x86/x64 プロセッサを用いた Windows PC はすべて IBM-PC 互換機の子孫にあたる．

に NeXT 社を買収し，結果として Steve Jobs が Apple に返り咲くことになった．Steve Jobs は NeXTSTEP をベースに Mac 用の OS を開発し，2001 年，**Mac OS X** をリリースした．Mac OS X はその後，**OS X** と改称し，いまでは **macOS** と呼ばれている．Apple はこのころから同社の PC を Macintosh ではなく **Mac** と呼ぶようになった．

Apple が採用した Mac 用のプロセッサの変遷をみてみよう．1990 年代半ばまで，Motorola の 68000 シリーズを採用していたが，その後，IBM・Motorola・Apple で共同開発した PowerPC を採用し，2006 年には，Intel の x86 系のプロセッサに切りかえた．さらに，2020 年に ARM 社が提供するアーキテクチャを採用したプロセッサ M1 に切りかえた．Apple は，上記プロセッサの変更に際し，いずれの場合も変更前のプロセッサをエミュレーションする機能を提供し，既存のプログラムを変更なく動作させることでスムーズな移行に成功している．

**(4) Windows**

1980 年代の半ばから，Microsoft もマルチウィンドウシステムを開発していたが，なかなか成功せず，製品としての出荷は 1990 年の Windows 3.0 まで待たねばならなかった．その後，Windows 3.1 を経て，インターネットの普及とともに，1995 年に出荷を開始した Windows 95 になって本格的に普及し始めた．

1993 年，Microsoft は，新しい OS として Windows NT 3.1 をリリースした．Windows NT は，DEC 社の OS である VMS を開発した David N. Cutler らが開発したもので，仮想記憶と 32 ビットのアドレス空間に対応したマルチユーザ・マルチタスク OS であった．Windows NT の完成度は高く，長いファイル名を許容するファイルシステムの NTFS をサポートしており，Windows 3.1 と同じユーザインタフェースを提供していた．

その後も Windows 2000, Windows XP, Windows 7, Windows 8, Windows 10, Windows 11 と Windows NT の後継の OS を発表し続け，PC 市場の大半を独占している．

Windows は，Intel の 8086 プロセッサとその後継機種を主な対象として開発されてきたが[8]，最近は ARM 社のアーキテクチャにも対応している（ARM 版

---

[8] ただし，Windows NT では MIPS 社の MIPS アーキテクチャ，DEC の Alpha アーキテクチャ，IBM の PowerPC アーキテクチャもサポートしていた．

Windows と呼ばれる）．

## (5) UNIX

**UNIX** は，1969 年にベル研究所の Kenneth L. Thompson と Dennis M. Ritchie が DEC の PDP-7 用に開発したマルチユーザ・マルチタスク用の OS である．1973 年にそれまでアセンブリ言語で記述されていた UNIX のほぼすべてを C 言語で記述し直し，DEC の PDP シリーズに依存したコードを徐々になくしていくことで，移植性のよい OS となった．そのため，UNIX から多数の OS が派生したが，中でも仮想記憶の導入など，California 大学 Berkeley 校で大幅に改良された **Berkeley 版 UNIX**（Berkeley software distribution, **BSD UNIX**）が大学・研究所を中心に広く普及した．

1980 年代の半ばになると，各社よりさまざまな UNIX が発売されるようになって，相互運用性の低下が懸念されるようになった．そこで，UNIX の標準共通仕様を策定するために，米国の電気電子学会（Institute of Electrical and Electronics Engineers; IEEE）を中心とした **POSIX** と呼ばれるプロジェクトが始まった．

POSIX では，共通する機能の呼出し方法や，OS の標準的なインタフェースおよびコマンドインタプリタやユーティリティプログラムなどの環境を定義し，POSIX の認定を受けた OS 間での総合運用性を高めることを目指した．POSIX に準拠した OS として，IBM の AIX, Hewlett Packard の HP-UX, Sun Microsystems の Solaris などがあった．

IBM-PC 互換機上で動作可能な UNIX として，BSD UNIX のソースコードから派生した 386BSD, NetBSD, FreeBSD, OpenBSD が開発され，さらに，Helsinki 大学の Linus B. Torvalds によって，UNIX と互換性のある **Linux** カーネル（Linux Kernel）が開発された．Linux カーネルは，UNIX 上のアプリケーションプログラムとして開発された膨大なオープンソースプログラムを含めたディストリビューションパッケージとして配布されるようになり，手軽に UNIX 環境を手に入れることができるようになった．Linux のディストリビューションには数多くの種類があるが，2022 年現在，Ubuntu や Debian GNU/Linux などが広く使われている．

Windows 上でも 2020 年以降，WSL2（Windows subsystem for Linux）をインストールすることで，Linux が利用できるようになっている．

本書では，UNIX と互換性をもつ OS（AIX, Solaris, FreeBSD, Linux, macOS など）を総称して Unix 系 OS と呼ぶ．

## 1.4　組込みシステムの OS

　マイクロプロセッサの出現以来，安価で高性能なプロセッサが入手できるようになったことから，テレビ，エアコン，電子レンジ，冷蔵庫などの家電製品や，自動車などの車載機器にもこれらのプロセッサが組み込まれるようになった．このように何らかの機器に組み込まれたコンピュータを組込みシステム（embedded system）と呼び，そのための OS を組込み **OS**（embedded OS）と呼ぶ.

　組込みシステムでは，コスト面からメモリや補助記憶装置などの資源が制限されることが多く，組込み OS は，そのため軽量の OS であることが重要視されていた.

　しかし，近年では，IoT（Internet of Things）機器など，組込みシステムであっても，インターネットとの接続が必須であったり，セキュリティ対策のための，OS を含めたシステムのバージョンアップのしくみを導入する必要があるなど，組込み OS に対する要求レベルが高くなっていることもあり，組込みシステムとしても Linux などの汎用の OS が採用されることが多くなっている.

### 1.　リアルタイム OS

　組込みシステムの中には，例えば，自動車のエンジン制御など，定められた短い時間で処理を終えなければならないものも存在する．このような時間制約を満たすように設計されたシステムをリアルタイムシステム（real-time system）といい，時間制約を満たすためのしくみを備えた OS をリアルタイム **OS**（realtime OS）と呼ぶ．リアルタイム OS の中でも，定められた期限内に確実に処理を完了しないといけないものをハードリアルタイム（hard realtime）と呼び，期限の制約がそこまで厳しくないものをソフトリアルタイム（soft realtime）と呼ぶ.

　リアルタイム OS としては，ITRON や VxWorks が古くから利用されている.ITRON は 1980 年代，当時，東京大学の助手であった坂村 健 博士が提唱したもので，大型汎用計算機から PC，組込みシステムまでをカバーする TRON OS 体系の 1 つである．2021 年においても，国内では組込み OS において大きなシェアを占めている．VxWorks は，航空・宇宙・防衛の分野で使われており，米国航空宇宙局の火星探査機などにも用いられていた.

　しかし，最近では，組込みシステムに用いられるプロセッサの性能が飛躍的に向上したこともあり，Linux のような汎用の OS にリアルタイム機能を組み込んだ OS が用いられるようになってきた．RTLinux は，Linux カーネルにリアルタイムモニタを追加したものであり，タイマ割込みを横取りして，独自のスケジューラを追加して，リアルタイム処理を実現している．

### 2. スマートフォンの OS

　携帯電話やスマートフォン，タブレットも組込みシステムの 1 つであるが，利用者数が多いので節を分けて説明する．2007 年に Apple が **iPhone OS**（その後，**iOS** と改名）を搭載したスマートフォンである iPhone を発売した．翌年に Google がスマートフォン用の OS として **Android** を開発して以降，爆発的にスマートフォンが普及し始めた．iOS は Mac OS X ベースであり，Android も Linux ベースである．いずれも UNIX に由来するシステムであることは興味深い．Microsoft も Windows をベースとした Windows Phone を販売したことがあるが，iPhone や Android に迫ることはできなかった．

　スマートフォンの OS においては，消費電力量を抑えることが求められており，そのために OS の機能として電力の制御が重要となる．ほとんどすべてのスマートフォンのプロセッサには，高性能かつ低消費電力として定評のある ARM 社のアーキテクチャが採用されている．

## 1.5　スーパーコンピュータの OS

　スーパーコンピュータは，高速な計算資源を提供するためのコンピュータであり，2000 年ごろまでは，複数のプロセッサが高速かつ並列に動作することに特化した特別なハードウェアが用いられていた．最近では，ほぼすべてのスーパーコンピュータは大量の安価なマイクロプロセッサを高速ネットワークで接続することで構築されている．

　スーパーコンピュータの OS としては，初期のころのシステムから，主として Unix 系 OS が採用されてきたが，2000 年以降は中でも Linux の採用が増え続け，最近では世界中のスーパーコンピュータの OS はほぼ Linux で占められている．

　スーパーコンピュータで何らかの計算処理を実行する場合に，目的の計算処理

以外のプロセスや割込み処理など，本来の目的である計算処理の遅延の原因となるものを **OS ノイズ**（OS noise）と呼んでいる．理化学研究所の富岳では，OS ノイズを軽減するために，OS ノイズの発生源になる OS のタスクに対して，目的の計算処理をするプロセッサとは別に専用のプロセッサを割り当てるなどの工夫を行っている．

## 演習問題

1. OS の役割にはどのようなものがあるか説明せよ．
2. マルチプログラミングについて説明せよ．
3. 以下のシステムについて簡単に説明せよ．

    (a) OS/360

    (b) MS-DOS

    (c) UNIX

4. シミュレータとエミュレータの相違を述べよ．
5. ハードウェア，OS，アプリケーションプログラムの関係について，コンピュータシステムにおける階層構造にもとづいて説明せよ．

### システム/360 シリーズコンピュータ

1964 年 4 月，IBM はシステム/360 シリーズコンピュータ（**IBM System/360**）を発表した．これは，おそらくコンピュータシステム，特に OS の歴史の中で最も重要な出来事の 1 つであろう．システム/360 の発表を契機に各コンピュータメーカがシステム/360 と同様のアーキテクチャをもつシステムを次々と開発するようになったからである．

この時代のユーザは機能性を重視しており，より多くの機能をもつシステムを望んでいた．一方，システムを移行する場合の互換性（compatibility）の問題に悩まされていた．システム/360 シリーズコンピュータは，アーキテクチャがほぼ統一されており，同一の OS（**OS/360**）を使用していた．また，上位機種になるほど，より強力な機能を提供するよう設計されていた．

さらに，システム/360 シリーズコンピュータは，それまで使われていたハードウェアのシミュレータ（simulator）とエミュレータ（emulator）を提供することによって，互換性の問題を解決した．ここで，シミュレータ，エミュレータとは，1 台のコンピュータをあたかも別のコンピュータであるかのように使用することを可能にする技術である．

シミュレータは，主にソフトウェアによって構成され，比較的経済的に実現することができる．対して，エミュレータはマイクロプログラム（あるいは機械語）レベルの対応を必要とするが，もとのプログラムを高速に実行できることが特長である．

# 第2章
# コンピュータのハードウェア

OS はコンピュータのハードウェアを制御し，ユーザのプロセスから隠蔽する.

本章では，OS を理解するために必要なコンピュータのハードウェアについて概説する.

## 2.1　ハードウェアの概要

典型的なコンピュータのハードウェアを図 **2.1** に示す．プロセッサとメインメモリとの間はメモリバス（memory bus）と呼ばれる高速な信号線で接続されている.

また，キーボードやハードディスクドライブ（hard disk drive; **HDD**）など各種のデバイスは，それぞれを担当するデバイスコントローラ（device controller）に接続される．現在では，複数のデバイスコントローラを集約したチップセット（chipset）と呼ばれる LSI が使われている．さらに，グラフィックデバイス（ビデオカード）や SSD などの高速なデバイスを接続するためには **PCI express** と呼ばれる高速なバスが使用されている.

## 2.2　プロセッサ

### 1.　基本的なしくみ

プロセッサはコンピュータの心臓部に相当する電子回路である．プロセッサは

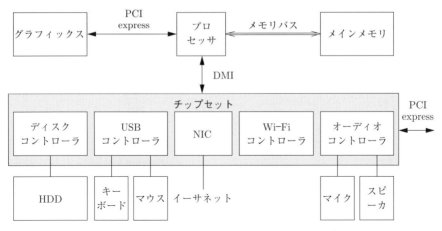

**図 2.1** コンピュータのハードウェア（模式図）

メインメモリから**機械語**（machine instruction）を読み取り，逐次実行する機能
を備えている．

　プロセッサは**レジスタ**（register）と呼ばれる高速で小容量のメモリを備えてい
る．レジスタは演算の対象となるデータや，メモリのアドレス（2.3 節参照）を
保持する．レジスタの構成はプロセッサによって異なる．例えば x64 アーキテク
チャ（23 ページ参照）では，整数演算やポインタに使用できる 64 ビット幅の汎
用レジスタを 16 個，浮動小数点演算や **SIMD**（single instruction/multiple data）
演算[1]に使用できる 80 ビット幅のレジスタ 8 個と 128 ビット幅のレジスタを
8 個[2]，各種のフラグを保持するフラグレジスタ（演算結果がゼロだったことを示
すゼロフラグ，負になったことを示すサインフラグ，桁あふれを示すキャリーフ
ラグ等がある），その他いくつかの制御用のレジスタを備えている（図 **2.2** 参照）．

　機械語命令はバイト列で表される．ただし，バイト列による表記は人間にとっ
てわかりにくく不便なため，機械語命令は，命令の意味を英語や略語によって表
記した**ニーモニック**（mnemonic）を用いて表記することが一般的である．

　それぞれの機械語命令は非常に原始的である．以下に x64 アーキテクチャの機

---

[1] 1 つの機械語命令で複数のデータに対して同時に同一の演算を行う処理のこと．
[2] 256 ビット幅のレジスタ 16 個，あるいは 512 ビット幅のレジスタ 32 個をサポートする
モデルもある．

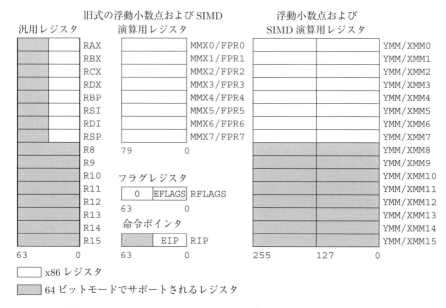

図 **2.2** x64 アーキテクチャにおける主なレジスタ
（AMD64 Architecture Programmer's Manual Vol.1 より引用）

械語命令の一部を示す（コロンの前がニーモニック）.

- ADD, SUB, MUL, DIV：四則演算（それぞれ加算，減算，乗算，除算）を行う.
- MOV：レジスタやメモリの指定したアドレスとの間で値を転送（コピー）する.
- JMP：指定したアドレスにジャンプする.
- J*cc*：*cc* で指定された条件が満たされていれば指定されたアドレスにジャンプする（例えば，JZ ならば直前の演算結果が 0 の場合（Jump on Zero），JNZ ならば直前の演算結果が非 0 の場合（Jump on Non Zero）など）.
- CALL：指定したアドレスをサブルーチンとして呼び出す（関数呼出しに相当）. CALL 命令の次のアドレスをスタックに push（2.2 節 2. 参照）し，指定されたアドレスにジャンプする.
- RET：サブルーチンから呼出し元に戻る. CALL 命令で push したアドレスをスタックから pop し，そのアドレスにジャンプする.

1つの機械語命令を構成するバイト列のうち，命令の種別を指定する部分（機械語命令中の一部のバイトあるいはビット）をオペコード（opcode），命令の操作対象を指定する部分をオペランド（operand）という．例えば ADD（加算）命令の場合，加算命令であるということを指定している部分がオペコード，加算対象のレジスタやアドレスを指定している部分がオペランドとなる．

プロセッサはメモリ上の機械語プログラムを逐次実行する．プロセッサにはプログラムカウンタ（program counter; **PC**）あるいはインストラクションポインタ（instruction pointer）と呼ばれる特別なレジスタがあり，次に実行する機械語命令のアドレスを保持している．プロセッサはプログラムカウンタが指すアドレスから機械語を読み取り（フェッチ（fetch）するという），実行する．このとき，プログラムカウンタは次の機械語命令を指すように自動的に更新される．

プロセッサの機種によって解釈できる機械語は異なる．プロセッサが解釈できる機械語命令や，使用できるレジスタなど，プログラムから見たときのプロセッサの仕様を包括的に命令セットアーキテクチャ（instruction set architecture; **ISA**）と呼ぶ[3]．同一の ISA にもとづくプロセッサでは，異なる製品であっても機械語レベル（バイナリレベル（binary level））で互換性がある[4]．

一般的な Windows PC では，プロセッサの ISA として 32 ビット[5]の **IA-32** アーキテクチャ（本書では **x86** と表記する）と 64 ビットの **x86_64** アーキテクチャ（本書では **x64** と表記する）が使われている[6]．また多くのスマートフォン，および近年の Mac では，ARM 社が開発した ARMv7（32 ビット）や，ARMv8（64 ビット）アーキテクチャが使用されている．

......................................................

[3] 本書では，プロセッサアーキテクチャという用語は ISA を指すものとする（ほかにプロセッサのハードウェア上の構成をいう場合もある）．

[4] プロセッサの世代が進むにつれて命令セットが拡張されるが，通常，新しいプロセッサは以前のプロセッサの ISA と互換性（後方互換性）をもつ．

[5] プロセッサのビット数の表記には厳密な決まりはないが，一般的に汎用レジスタのビット数が使用される．メモリアドレスのビット幅も同一であることが多い．

[6] IA-32 は Intel が開発した 32 ビットプロセッサ 80386，およびその後継機種で使用されているアーキテクチャである．x86_64（AMD64，EM64T などとも呼ばれる）は AMD によって開発された 64 ビットプロセッサ用のアーキテクチャである（後に Intel も採用した）．IA-32 と x86_64 は機械語レベルで互換性があり，IA-32 の機械語プログラムを x86_64 でそのまま動かすことができる．なお，Intel は IA-64 と呼ばれるアーキテクチャの 64 ビットプロセッサも開発したが，IA-32 とは互換性がなく主流とはならなかった．

　プロセッサが機械語命令を順次実行していく流れのことをハードウェアスレッド（hardware thread）という．従来のプロセッサは1つのハードウェアスレッドしか実行できなかったが，現代のプロセッサは一般に内部に複数のプロセッサコアを備えており，複数のハードウェアスレッドを同時に（並列に）実行できる．このようなプロセッサをマルチコアプロセッサ（multi-core processor）という（2.2節 5. 参照）．

## 2. スタック

　機械語プログラムでは，実行中に必要なデータを一時的に保持するために，スタック（stack）と呼ばれるメモリ領域を使用する．スタックに対する操作として push 操作と pop 操作があり，最後に書き込んだ（push した）データが最初に取り出される（pop される），後入れ先出し（last in, first out; **LIFO**）構造となっている．

　一般的なプロセッサはスタックポインタ（stack pointer; **SP**）と呼ばれるレジスタを備えていて，スタックに最後に push したデータ（スタックトップという）のアドレスを保持している．一般的に，スタックは push するとスタックポインタの値は減らされ，スタックはアドレスの小さい方向に伸びる．なお，スタックに push することをスタックに積むと表現する．

　C言語などの高水準言語では，関数を定義し，それらを呼び出すことでプログラムを実行するが，スタックは関数を実現するうえで以下のように重要な役割を果たす．

- 関数を呼び出すとき，引数を渡す．
- 関数を呼び出すとき，呼び出した関数からもとの場所に戻れるように，戻った後で実行する機械語命令のアドレス（戻り番地）を保存する[7]．
- 関数中のローカル変数[8]の値を保持する．

　なお，レジスタを潤沢に備えたプロセッサでは，引数の受渡しやローカル変数の保持には（遅いメモリアクセスが必要な）スタックではなく，高速なレジスタを優先して使用する．

………………………………………………

[7] 戻り番地を保持するためのレジスタをもつプロセッサもある（ARM など）．
[8] 関数内で宣言され，関数実行中にしか存在しない変数．局所変数ともいう．

　関数呼出しでは，どのように引数や戻り値を受渡しするか，どのレジスタは関数内で自由に使ってもよいか（破壊してもよいか）などを規定しておく必要がある．これを呼出し規約（calling convention）と呼ぶ.

　例えば，x64 アーキテクチャ用の Linux における呼出し規約は以下のようになっている[9].

**＜引数の渡し方＞**

　整数型とポインタ型の引数は，RDI, RSI, RDX, RCX, R8, R9 レジスタをこの順に使って渡す．浮動小数点型の引数については，XMM0, XMM1, …, XMM7 レジスタをこの順に使って渡す．以降のレジスタに入り切らない引数は，スタックに積んで渡す．なお，C 言語では後ろの引数からスタックに積む.

**＜返り値の返し方＞**

　整数型とポインタ型の返り値は RAX レジスタを，浮動小数点型の返り値は XMM0 レジスタを使ってそれぞれ返す.

**＜レジスタの保存＞**

　各関数では，RBX, RSP, RBP, R12〜R15 レジスタの値は保存しなければならない．関数内でこれらのレジスタを使用する場合は，使用する前にスタックなどに値を保存し，関数の出口で値を復元する必要がある．このほかのレジスタの値は保存しなくてもかまわない.

**＜スタックポインタの値＞**

　関数を呼び出す直前の時点でスタックポインタは 16 の整数倍の値になるようにする（これを 16 バイト境界にアライン（align）するなどという）.

　関数の実行時には，戻り番地やローカル変数などをスタック上に確保する．この領域をスタックフレーム（stack frame）と呼ぶ．関数を呼び出すと新しいスタックフレームがスタック上に確保され（スタックは大きくなる），関数から戻ると開放される（スタックは小さくなる）．このため，スタックフレームは，現在実行中の関数がどのようにほかの関数から呼び出されてきたのかという呼出し階層の情報を保持していることになる.

............................................

[9] ここで示したものは概略であり，ほかにも構造体の渡し方などさまざまな規約がある．詳細は文献1) 参照.

例として，以下の C 言語のプログラムを x64 上の Linux 上でコンパイル[*10]し
たときの機械語プログラムを図 **2.3** に示す（ここではデバッガ（debugger）[*11]を
使い，メモリ上のプログラムを示している．先頭の 0x から始まる数値はアドレ
ス，\<main+X\>のような表記は関数の先頭からの相対アドレス，2 桁の 16 進数
の並びは機械語，それ以降はニーモニックである）．

また，このプログラムで main 関数から t→u→printf と呼び出した時点におけ
るスタックフレームの様子を図 **2.4** に示す．呼出し規約にしたがって引数が渡さ
れていることが確認できる．

```
 1   #include <stdio.h>
 2
 3   /* プロトタイプ宣言 */
 4   long t(long a, long b, long c, long d, long e,
 5          long f, long g, long h, long i, long j);
 6   void u(long *p);
 7
 8   int main(int argc, char *argv[])
 9   {
10     long ret = t(1, 2, 3, 4, 5, 6, 7, 8, 9, 10);
11     printf("ret=%ld\n", ret);
12     return 0;
13   }
14
15   long t(long a, long b, long c, long d, long e,
16          long f, long g, long h, long i, long j)
17   {
18     long x[4];
19     x[0] = a + b + c + d + e + f + g + h + i + j;
20     u(x);
21     return x[0];
22   }
23
24   void u(long *p)
25   {
26     long y = *p;
27     long z = y;
28     printf("%p, %p\n", &y, &z);
29   }
```

..................................................

[*10] コンパイラとして gcc-9.4.0 を使用し，なるべくわかりやすい機械語プログラムが得られ
るようにオプションを指定している．
[*11] プログラムのデバッグを支援するソフトウェア．

```
% gdb a.out
(gdb) disassemble /mr main,u+46
Dump of assembler code from 0x401bf5 to 0x401cb5:
8 int main(int argc, char *argv[])
9     {
   # スタックポインタを 8 減じる（スタック境界を調整）
  0x401bf5 <main+ 0>: 48 83 ec 08          sub  $0x8,%rsp
10    long ret = t(1, 2, 3, 4, 5, 6, 7, 8, 9, 10);
   # 引数を逆順にスタックに積む
  0x401bf9 <main+ 4>: 6a 0a                 pushq $0xa
  0x401bfb <main+ 6>: 6a 09                 pushq $0x9
  0x401bfd <main+ 8>: 6a 08                 pushq $0x8
  0x401bff <main+10>: 6a 07                 pushq $0x7
   # レジスタ渡しの引数をセット
  0x401c01 <main+12>: 41 b9 06 00 00 00     mov  $0x6,%r9d
  0x401c07 <main+18>: 41 b8 05 00 00 00     mov  $0x5,%r8d
  0x401c0d <main+24>: b9 04 00 00 00        mov  $0x4,%ecx
  0x401c12 <main+29>: ba 03 00 00 00        mov  $0x3,%edx
  0x401c17 <main+34>: be 02 00 00 00        mov  $0x2,%esi
  0x401c1c <main+39>: bf 01 00 00 00        mov  $0x1,%edi
   # t を呼び出し
  0x401c21 <main+44>: e8 22 00 00 00        callq 0x401c48 <t>
   # EAX に格納されている t の返り値を printf への第 2 引数のレジスタにセット
  0x401c26 <main+49>: 48 89 c6mov           %rax,%rsi
11    printf("ret=%ld\n", ret);
   # スタックポインタを 32 バイト戻す（上で 4 つ push した分）
  0x401c29 <main+52>: 48 83 c4 20           add  $0x20,%rsp
   # printf のフォーマット文字列のアドレスを第 1 引数のレジスタにセット
   # PC との相対アドレスで指定（次の命令アドレス 0x401c34+0x933d0=0x495004）
  0x401c2d <main+56>: 48 8d 3d d0 33 09 00  lea  0x933d0(%rip),
%rdi # 0x495004
  0x401c34 <main+63>: b8 00 00 00 00        mov  $0x0,%eax
   # printf を呼び出し
  0x401c39 <main+68>: e8 e2 ec 00 00 callq 0x410920 <printf>
12    return 0;
   # 返り値 0 を EAX にセット
  0x401c3e <main+73>: b8 00 00 00 00        mov  $0x0,%eax
   # スタックポインタを戻す
  0x401c43 <main+78>: 48 83 c4 08           add  $0x8,%rsp
   # 呼び出し元に戻る
  0x401c47 <main+82>: c3                    retq
13    }
14
15    long t(long a, long b, long c, long d, long e,
16           long f, long g, long h, long i, long j)
17    {
   # スタックポインタから 40 減じてスタック上にローカル変数を確保する
  0x401c48 <t+ 0>: 48 83 ec 28              sub  $0x28,%rsp
18    long x[4];
19    x[0] = a + b + c + d + e + f + g + h + i + j;
   # 加算
  0x401c4c <t+ 4>: 48 01 f7    add          %rsi,%rdi
  0x401c4f <t+ 7>: 48 01 d7    add          %rdx,%rdi
  0x401c52 <t+10>: 48 01 cf    add          %rcx,%rdi
  0x401c55 <t+13>: 4c 01 c7    add          %r8,%rdi
  0x401c58 <t+16>: 4c 01 cf    add          %r9,%rdi
  0x401c5b <t+19>: 48 89 f8    mov          %rdi,%rax
  0x401c5e <t+22>: 48 03 44 24 30           add  0x30(rsp),%rax
  0x401c63 <t+27>: 48 03 44 24 38           add  0x38(rsp),%rax
  0x401c68 <t+32>: 48 03 44 24 40           add  0x40(rsp),%rax
  0x401c6d <t+37>: 48 03 44 24 48           add  0x38(rsp),%rax
   # 加算した結果を x[0] に代入
  0x401c72 <t+42>: 48 89 04 24mov           %rax,(%rsp)
20    u(x);
   # ここでスタックポインタは x の先頭を指しているので，u への第 1 引数にコピー
  0x401c76 <t+46>: 48 89 e7    mov          %rsp,%rdi
   # u を呼び出し
  0x401c79 <t+49>: e8 09 00 00 00 callq 0x401c87 <u>
```

図 **2.3** メモリ上の機械語プログラム

```
21      return x[0];
  # x[0]を返り値のレジスタRAXにコピー
  0x401c7e <t+54>: 48 8b 04 24 mov        (%rsp),%rax
  # スタックポインタを戻す
  0x401c82 <t+58>: 48 83 c4 28 add        $0x28,%rsp
  0x401c86 <t+62>: c3         retq
22    }
23
24    void u(long *p)
25    {
  # スタックポインタから24減じてスタック上にローカル変数を確保する
  0x401c87 <u+ 0>: 48 83 ec 18 sub        $0x18,%rsp
26    long y = *p;
  0x401c8b <u+ 4>: 48 8b 07    mov        (%rdi),%rax
  0x401c8e <u+ 7>: 48 89 44 24 08          mov    %rax,0x8(%rsp)
27    long z = y;
  0x401c93 <u+12>: 48 89 04 24 mov        %rax,(%rsp)
28    printf("%p, %p\n", &y, &z);
  0x401c97 <u+16>: 48 89 e2    mov        %rsp,%rdx
  0x401c9a <u+19>: 48 8d 74 24 08          lea    0x8(%rsp),rsi
  0x401c9f <u+24>: 48 8d 3d 67 33 09 00    lea    0x93367(%rip)
%rdi # 0x49500d
  0x401ca6 <u+31>: b8 00 00 00 00          mov    $0x0,%eax
  # printfの呼び出し
  0x401cab <u+36>: e8 70 ec 00 00          callq  0x410920 <printf>
  0x401cb0 <u+41>: 48 83 c4 18 add        $0x18,%rsp
  0x401cb4 <u+45>: c3         retq
End of assembler dump.
# printfで与えているアドレスに何が書いてあるか調査
# (x/sは指定したアドレスから文字列として表示する)
(gdb) x/s 0x495004
0x495004:        "ret=%ld\n"
(gdb) x/s 0x49500d
0x49500d:        "%p, %p\n"
```

図 **2.3** メモリ上の機械語プログラム（続き）

## 3. 動作モード

　一般的に，プロセッサは**カーネルモード**（kernel mode）（あるいは**特権モード**（privileged mode））と**ユーザモード**（user mode）という，2つの動作モードをもつ．カーネルモードは OS のカーネルを実行するためのモードであり，プロセッサのすべての動作を制限なく行える．一方，ユーザモードでは，システムに悪影響を与える可能性がある一部の機械語命令（**特権命令**（privileged instruction）と呼ばれる）の実行や，ハードウェアへの直接アクセスが禁止されている．ユーザモードでこれらを実行しようとすると，**特権違反例外**（2.2節4.参照）が発生し，カーネルに制御が移る．

## 4. 割込み

　プロセッサは，システムで何らかの急いで処理すべき事象が発生したときに，現在実行中のプログラムを一時中断し，別のプログラムを実行する機能を備えている．

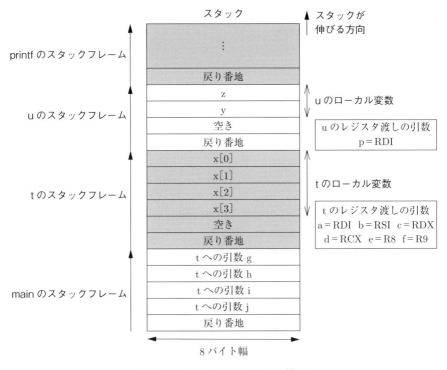

図 2.4 スタックフレームの様子

これを割込みといい，このときに実行するプログラムを割込みハンドラという．
割込みが発生すると，プロセッサはおおむね以下の動作を行う．

i) プロセッサがユーザモードの場合，カーネルモードに遷移し，スタックを
カーネル用のスタックに切りかえる．

ii) 割込み発生時のレジスタ（特にプログラムカウンタとスタックポインタ）の
値をカーネルスタックなどに保存する．

iii) 割込みハンドラを実行する．

iv) 割込みハンドラの最後で，割込み処理から復帰する機械語命令を実行する
（x86/x64 では IRET 命令）．これによってプロセッサはもとのモードに復
帰し，またカーネルスタックに保存されていたレジスタの値が復元される．
これにより，割込みで中断していたプログラムの実行が再開される．

　割込みは割り込まれたプログラムにとって透過であり，割込みがあったことには気が付かない（動作に影響を与えない）．

　割込みには，外部割込みと内部割込みがある．

## (1) 外部割込み

　外部割込みは，プロセッサ外部のデバイスにおいて何らかの事象が発生したことをプロセッサに通知するために用いられる．この事象には，例えば以下のようなものがある．

- キーボードのキーが押された／離された．
- ネットワークインタフェースにパケット[*12]が到着した．
- ハードディスクで以前に要求したデータの読み出しが完了した．
- 指定した時間が経過した（2.4 節参照）．

　プロセッサには，外部からの割込み要求を受け付けるための割込み信号線（interrupt request; **IRQ**）が用意されている．外部のデバイスは動作完了などのタイミングで割込み信号を有効にし，割込みを要求する．プロセッサは，割込み要求を検知すると現在実行中のプログラムを中断し，割込みハンドラを実行する．

　なお，割込みでは事象の発生は通知されるが，事象の詳細（例えば受信したパケットの内容）は送信されない．このため，割込みハンドラではデバイスコントローラと通信して発生した事象を調べ，必要に応じてパケットの内容を読み出すといった処理を行う．

　また，プロセッサには割込み禁止（あるいは許可）フラグが設けられており，外部割込みの処理を禁止（遅延）することができる．このフラグは機械語命令により設定できる（特権命令である）．

## (2) 内部割込み

　内部割込みは，プログラムの実行にともなってプロセッサ内部で発生する割込みである．内部割込みは，さらにソフトウェア割込み（software interrupt）と例外（exception）に分類される．

　ソフトウェア割込みは，特別な機械語命令（x86/x64 の INT 命令，ARM の SWI

--------------------------------------------------

[*12] ネットワーク経由でデータをやり取りするために，小さなブロックに分割されたデータのこと．

命令など）を実行することで発生する．ソフトウェア割込みは，プロセッサのモードをユーザモードからカーネルモードに変更するための手段として利用される（3.1 節 10. 参照）．

一方，例外は，プロセッサが実行中の機械語プログラムにおいて，何らかの例外的な事象が発生することで引き起こされる．トラップ（trap）あるいはフォールト（fault）ともいう．以下に主な例外をあげる．

- ゼロで除算を実行しようとしたとき（ゼロ除算例外）
- 未定義の機械語命令を実行しようとしたとき（未定義命令例外）
- ユーザモードで特権命令を実行しようとしたとき（特権違反例外）
- アクセスが許可されていないアドレスを参照しようとしたとき（セグメンテーションフォールト）
- 仮想記憶（4.3 節参照）を使用している環境において，物理メモリが割り当てられていないページを参照しようとしたとき（ページフォールト）

例外が発生すると，OS はその原因に応じて適切な処理（実行中のプロセスを終了させるなど）を行う．

**(3) 割込みベクタテーブル**

割込みが発生したとき，OS は，割込み源のデバイスや内部割込みの種別に応じて，異なる処理を実行する必要がある．

このため，プロセッサは割込みハンドラを複数定義できるようになっている．各種の割込みを識別するためにそれぞれに**割込み番号**を割り当てる．また，メモリ上には割込みハンドラのアドレスを割込み番号の順に並べたテーブルを用意しておく．このテーブルを**割込みベクタテーブル**（interrupt vector table）と呼ぶ．プロセッサは，割込みが発生すると割込みベクタテーブルから対応する割込みハンドラのアドレスを取得し，実行する．なお，割込みベクタテーブルはコンピュータ起動時および OS の起動処理の中で初期化される．

## 5. マルチプロセッサシステム

コンピュータの性能を向上させる方法には大きく分けて，プロセッサのクロック周波数（プロセッサの電子回路が 1 秒間に何回動作するかを示す値）を高くしてプロセッサの動作速度を向上させる方法と，複数のプロセッサを用いて複数の

ハードウェアスレッドを並列に実行させる方法がある．複数のプロセッサを備えたシステムをマルチプロセッサシステム（multi-processor system）という．

前者の方法は2000年代初頭にプロセッサのクロック周波数が3GHzを超えた辺りから頭打ちになりつつあり，それ以降はマルチプロセッサによる性能向上が研究開発の中心となっている．

現在のプロセッサは，1つの物理パッケージ（物理的な部品）上にプロセッサコア（processor core）と呼ばれる複数（数個〜数十個程度）のプロセッサを集積したマルチコアプロセッサが一般的である．これも論理的にはマルチプロセッサシステムとみなすことができる[13]．

マルチプロセッサシステムは，プロセッサとメモリの関係によって大きくSMPとNUMAに分類できる．

**(1) SMP**

**SMP**（symmetrical multiprocessing，対称型マルチプロセッシング）はすべてのプロセッサ（プロセッサコア）が同じ種類で構成され，メインメモリを共有する方式である．構造上，すべてのプロセッサのメモリへのアクセス速度は等しくなる[14]（図2.5）．

**(2) NUMA**

**NUMA**（non-uniform memory access）は，プロセッサ（あるいは複数のプロセッサをまとめたプロセッサグループ）ごとにローカルメモリを有し，リモートメモリ（他のプロセッサあるいはプロセッサグループのローカルメモリ）よりもローカルメモリのほうが高速にアクセスできる方式を指す（図2.6）．プロセッサからアクセスするメモリの場所によってアクセス速度は変化する．

SMPの短所は，すべてのプロセッサでメモリバスを共用するため，プロセッサ数が増えるとメモリへのアクセスがボトルネックになることである．これに対し，NUMAでは，プロセッサごとにメモリを分割することで，この問題を改善している．以前はデスクトップPCではSMPが主流であったが，2000年代からはデスクトップPCでもNUMAが使われるようになっている（AMDのOpteronやIntelのNehalemアーキテクチャ以降）．

---

[13] マルチコアプロセッサでは，後述のキャッシュメモリなどは複数のプロセッサコアで共用する場合が多い．

[14] このため，**UMA**（uniform memory access）ともいう．

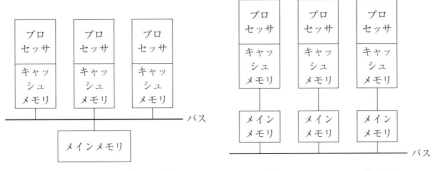

図 **2.5** SMP（UMA）の模式図　　図 **2.6** NUMA の模式図

## 2.3 メモリ

　プロセッサが直接アクセスできるメモリをメインメモリと呼ぶ．また，仮想メモリ（4.3 節参照）と区別するために**物理メモリ**（physical memory）と呼ぶこともある．

　メインメモリには，1 バイトごとに 1 つの**物理アドレス**（physical address）[※15]が割り当てられる．また，プロセッサがアクセスできる物理アドレスの範囲を**物理アドレス空間**（physical address space）[※16]と呼ぶ．例えば，x64 アーキテクチャの物理アドレス空間は最大 $2^{52}$ B（4 PB）（本書では，$n$ バイトのことを $n$ B と表記する場合がある）であり，物理アドレスは 0 から 0xFFFFF_FFFFFFFF となる．メインメモリは次の RAM と ROM から構成される．

**(1) RAM**

　**RAM**（random access memory）は書き込みが可能だが，電源を切ると内容が消えてしまうメモリである（電源を切ると内容が消える性質を**揮発性**という）．メインメモリの大部分は RAM で構成される．

　RAM には **DRAM**（dynamic RAM）と，**SRAM**（static RAM）がある．DRAM はコンデンサに蓄えられた電荷によってビットを記憶する．電荷の放電によって

---

[※15] 実アドレス（real address）ともいう．また，アドレスのことを**番地**ともいう．
[※16] 実アドレス空間（real address space）ともいう．

内容が失われることを防ぐために，定期的に電荷を再チャージする必要がある．これをリフレッシュ（refresh）という．

SRAMはトランジスタを用いたフリップフロップ回路によってビットを記憶する．SRAMはリフレッシュが不要であり，また動作が高速で消費電力も少ないが，ビットあたりの回路の面積がDRAMに比べて大きく，高価である．

このため，メインメモリは通常DRAMで構成される．SRAMは高速性が重要な後述のキャッシュメモリなどで使用される．

**(2) ROM**

**ROM**（read only memory）は通常の操作では書き込みができないが，電源を切っても内容を保持しているメモリである（電源を切っても内容が消えない性質を**不揮発性**（non volatile）という）．工場出荷後は一切の書き込み，消去ができない**マスクROM**（mask ROM），通常より高い電圧を印加することで書き込み，消去が可能な**EEPROM**（electrically erasable programmable ROM）などがある．

ROMはブートストラップのためのプログラムを格納するためなどに使われる（ただし，今日ではROMのかわりに，書き換え可能な不揮発性メモリであるフラッシュメモリを使うことが多い）．

RAMやROMは物理アドレス空間上に配置される．また，システムによっては入出力装置を制御するデバイスコントローラの制御レジスタ（2.5節参照）や，画面表示用のメモリ（video RAM; **VRAM**）などが物理アドレス空間上に配置されることもある．

## 1. キャッシュメモリ

現在の一般的なプロセッサでは，レジスタの読み書きに要する時間は1ナノ秒程度である．一方，メインメモリで一般的に使用されているDRAMのアクセス時間（プロセッサが読み書きの信号を送ってからデータが転送されるまでの時間）は50〜100ナノ秒程度であり，両者の速度には大きな隔たりがある．メインメモリはプロセッサにとって非常に遅いデバイスといえる．

メモリからのデータ転送待ちによってプロセッサの処理が停止してしまうことをメモリストール（memory stall）という．メモリストールはシステムの処理速度に影響を与えるため，可能な限り避ける必要がある．このために利用されるの

がキャッシュメモリ（cache memory）である[17]．キャッシュメモリはプロセッサ
とメインメモリの間に搭載された，メインメモリよりも小容量だが高速なメモリ
で，メインメモリの内容の一部を保持する．キャッシュメモリには高速な SRAM
が使用される．

　プロセッサからのメモリ参照要求に対し，指定されたアドレスの内容をキャッ
シュメモリが保持していれば（キャッシュヒットという），その内容を返し，保持
していなければ（キャッシュミスという）メインメモリからデータを取得する．こ
のとき，キャッシュメモリにも取得したデータを書き込み（キャッシュフィルと
いう），以降のデータ参照に備える．キャッシュヒットすれば低速なメインメモリ
からではなく高速なキャッシュメモリからデータを取得できるため，メモリアク
セスにかかる時間（レイテンシ（latency））を小さくできる．

　ここで，キャッシュのヒット率を $p$，キャッシュヒットした場合とキャッシュ
ミスした場合のメモリアクセス時間をそれぞれ $t_{hit}$，$t_{miss}$ とすると，平均メモリ
アクセス時間は

$$p\,t_{hit} + (1 - p)\,t_{miss}$$

となる．

　キャッシュメモリが有効に働くのは，多くのプログラムが，あるアドレスのメ
モリを読み書きしたとき，近い将来，その付近のメモリを再度読み書きする可能性
が高いという性質をもつからである．これを参照の局所性（locality of reference）
という．参照の局所性に対する考慮は OS の設計においても重要である（4.3 節 4.
参照）．

　最近のプロセッサは，キャッシュメモリを内蔵していることが一般的である．
高速かつ大容量なキャッシュメモリを低コストで実現するために，階層化された
キャッシュメモリが使用される．これらは，プロセッサから近い順に 1 次キャッ
シュ（レベル 1 キャッシュ，L1 キャッシュ），2 次キャッシュ（レベル 2 キャッ
シュ，L2 キャッシュ），… のように呼ばれる．レベルが小さい（プロセッサに近
い）キャッシュのほうがより高速かつ小容量である．例えば Intel の x64 プロセッ

---

[17] 何らかのデータに対する将来のアクセスを高速化するために，一度アクセスしたデータを
　　より高速にアクセスできる場所に一時的に保持することをキャッシュ（cache）という．
　　コンピュータではさまざまな場所でキャッシュが使われている．

表 **2.1**　Intel i7 プロセッサ（Skylake 世代）のキャッシュメモリ

| レベル | アクセス時間 | サイズ |
|---|---|---|
| L1 | 4〜5 サイクル | 命令 32 KB，データ 32 KB（コアごとに） |
| L2 | 12 サイクル | 256 KB（コアごとに） |
| L3 | 36〜66 サイクル | 8〜16 MB（全コアで共用） |

サでは Nehalem 世代以降，3 次キャッシュまで内蔵している．アクセス時間とサイズの一例を表 **2.1** に示す．

　キャッシュメモリは，キャッシュライン（cache line）と呼ばれるある程度まとまったサイズのブロックを単位として管理する．キャッシュラインのサイズとしては 16 B から 512 B 程度が一般的である[18]．メインメモリとキャッシュメモリとの間のデータ転送はキャッシュラインのサイズを単位として行われる．

　キャッシュフィルの際，キャッシュメモリがすでにいっぱいならば，すでにキャッシュに格納されているキャッシュラインと入れかえる（**キャッシュの置換**）．これは，ハードウェアによって自動的に行われる．

　マルチプロセッサシステムではプロセッサごとにキャッシュメモリがある．このため，あるプロセッサからメインメモリに書き込みがあった場合に，ほかのプロセッサで以前にキャッシュされた古い内容が使用されることがないように，メインメモリとキャッシュメモリとの間で内容の一貫性（**キャッシュコヒーレンシ**（cache coherency）という）を保つしくみが必要である．これを**キャッシュ一貫性制御**といい，**バススヌーピング**（bus snooping）などの技術によってハードウェア的に実現される．

## 2.　メモリ階層

　メモリや補助記憶装置は図 **2.7** のような階層構造としてとらえることができる．これを**メモリ階層**（memory hierarchy）という．コンピュータを理解するうえで，メモリ階層を意識することは重要である．

　図 2.7 は上の層ほど高速・小容量・高ビット単価（ビットあたりのコストが高い）であり，下の層ほど低速・大容量・低ビット単価（ビットあたりのコストが低い）となっている．また，上の層は揮発性，下の層は不揮発性である．なお，補

---

[18] Intel i7 プロセッサでは 64 B．

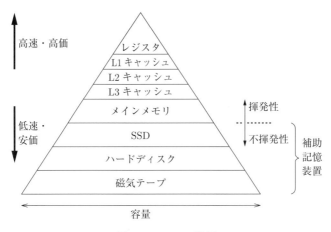

図 **2.7** メモリ階層

助記憶装置は，4.3 節 3. で述べるデマンドページングと呼ばれる技術を用いることで，メモリの一部として使用することができる．

　上で述べたキャッシュメモリはメインメモリ上のデータへのアクセスを高速化するためのものであったが，メモリ階層のほかの層でもキャッシュの使用は一般的である．例えば OS は，補助記憶装置へのアクセスを高速化するため，補助記憶装置上にある頻繁にアクセスするデータをメインメモリにキャッシュする．メインメモリより下の階層のキャッシュは OS あるいはアプリケーションプログラムがソフトウェアによって行う．

## 2.4　ハードウェアクロックとタイマ

　コンピュータは，現在の日付や時刻を保持するハードウェアクロック（hardware clock）と呼ばれるデバイスを備えている．このデバイスはバッテリでバックアップされていて，電源を切断しても時刻情報が失われないようになっている．

　また，コンピュータは，指定した周期でプロセッサに割込みをかけるタイマ（timer）と呼ばれるデバイスも備えている．この割込みをタイマ割込み（timer interrupt）という．OS には定期的に実行するさまざまな処理があり，タイマ割込

みはそのために使用される[19].

　OS は起動時にハードウェアクロックから現在時刻を取得するが，起動後は，タイマ割込みを用いて内部でカウントアップした時刻を使用することが一般的である．

## 2.5　入出力装置

　コンピュータを何らかの目的で利用するには，入力を与えて，出力を受け取る必要がある．これには，コンピュータと情報のやり取りをするしくみが必要である．コンピュータから見て情報の入力に使われるデバイスを**入力装置**（input device），出力に使われるデバイスを**出力装置**（output device）と呼び，両者を合わせて**入出力装置**と呼ぶ（1.1 節参照）．入力装置の例としては，キーボード，マウス，タッチパネル，マイク，カメラ（Web カメラ）などがあり，出力装置の例としては，ディスプレイ，プリンタ，スピーカなどがある．なお，イーサネット（Ethernet）や Wi-Fi でパケットのやり取りに使用される **NIC**（network interface card/controller）や **WNIC**（wireless network interface card/controller）は入力装置でもあり，出力装置でもあるといえる．

　プロセッサとこれらのデバイスはデバイスコントローラを介して接続されている（2.1 節参照）．デバイスコントローラは入出力装置を制御するための制御レジスタを備えている．プロセッサは制御レジスタに命令を書き込んだり，制御レジスタの値を読み出すことによって入出力装置を制御する．

## 2.6　ブートストラップ

　ブートストラップ（コンピュータの電源を入れてから OS が起動するまでの処理．1.2 節 1. 参照）の流れを説明する．

　OS を動作させるには，カーネルをメモリ上にロードする必要があるが，一般的にカーネルは補助記憶装置上に通常のファイルとして格納されている[20]．このファイルを，OS が起動していない状態で読み込む必要がある．

---

[19] タイマ割込みは，おおむね 1〜10 ミリ秒程度の周期が使用される．

[20] Windows NT 系列のカーネルは `C:\Windows\System32\ntoskrnl.exe` である．また，Linux では `/boot/vmlinuz` であることが多い．

このために，コンピュータでは ROM やフラッシュメモリなどの不揮発性メモリ上に，ブートストラップローダ（bootstrap loader）[21]と呼ばれるプログラムが格納されている．このプログラムが補助記憶装置上のプログラムをメインメモリにロードする処理を担当する．

以下，ブートストラップの流れについて，IBM-PC 互換機を例に説明する．

i) 電源を入れると，パワーオンリセット（power on reset）と呼ばれる回路によりプロセッサがリセットされる．これにより，プロセッサはあらかじめ定められた状態に設定され，特定の物理アドレスから実行を開始する．例えば x86/x64 アーキテクチャではこのアドレスは 0xFFFFFFF0 である．ここには BIOS の実行開始アドレスにジャンプする機械語命令が入っている．

ii) BIOS は最初にハードウェアの簡単な診断を行う **POST**（power on self test）と呼ばれる処理を実行する．POST では，搭載している物理メモリの容量の確認や，起動に必要な周辺機器の検出と初期化などを行う．

iii) 次に，ブートデバイス（OS がインストールされている補助記憶装置）の先頭にある **MBR**（master boot record）と呼ばれる領域を読み込む．MBRにはブートストラップコード（bootstrap code）と呼ばれる小さい機械語プログラムと，補助記憶装置のパーティション情報[22]が含まれている[23]．次いで，制御をブートストラップコードに移す．

iv) ブートストラップコードはパーティション情報をチェックし，ブート可能とマークされているパーティションの先頭から，セカンダリブートローダ（secondary boot loader）と呼ばれる小さなプログラムをロードし，実行する．

........................................

[21] ブートローダ，あるいは **IPL**（initial program loader）ともいう．ただし，IBM-PC 互換機では **BIOS**（basic input output system）と呼ぶことが一般的である．BIOS はほかにキーボードやディスプレイなどのハードウェアにアクセスするための低レベルのインタフェースや電源管理のためのインタフェースなども備えている．近年は **UEFI**（unified extensible firmware interface）と呼ばれる新しい規格にもとづいた BIOS が使用されることが多い．

[22] パーティションは補助記憶装置を論理的に分割した区画のこと（5.1 節参照）．

[23] ただし，UEFI では，MBR ではなく **GPT**（GUID partition table）と呼ばれる新しい形式のパーティション情報をサポートしている．GPT 形式ではブートストラップコードは存在せず，BIOS が直接パーティション情報を解釈する．

セカンダリブートローダはカーネルを読み込むためのプログラムであり，OS をインストールする際や，補助記憶装置をフォーマットする際に書き込まれる．

v) セカンダリブートローダは，OS を使わずに直接，補助記憶装置にアクセスし，カーネルを読み込む[24]．なお，BIOS から直接カーネルを読み込まない理由は，補助記憶装置上でカーネルが配置されるファイルシステムの形式が，OS ごとに異なるためである[25]．

vi) 読み込んだカーネルの実行開始アドレスにジャンプする．これによってカーネルの起動処理が始まる．

企業や大学などの組織では，使用するファイルのすべてをファイルサーバ上に配置し，補助記憶装置を内蔵しないディスクレス端末が利用されることがある．このような端末では，ネットワーク経由でカーネルをダウンロードしてブートするネットワークブート（network boot）を利用する．ネットワークブートでは，カーネルはブートサーバ（boot server）と呼ばれるサーバ上に配置される．クライアント（ブートするコンピュータ）は TFTP（trivial file transfer protocol）などのネットワークプロトコルを用いてカーネルを取得する．

## 演習問題

1. DRAM と SRAM の特性の違いを述べよ．
2. 自分が使っている PC で使われているプロセッサの名称，動作周波数，コアの数，キャッシュメモリの階層数とそれぞれの容量，物理メモリの容量を調べてみよ．
3. スタックは，関数から自分自身を呼び出す再帰呼出しの実現に役立っている．このことについて説明せよ．
4. メインメモリのアクセス時間が 50 ナノ秒，キャッシュメモリのアクセス時間が 10 ナノ秒のシステムがある．ここで，キャッシュメモリのヒット率が 95% のとき，平均アクセス時間を求めよ．

......................................................

[24] セカンダリブートローダ自身が補助記憶装置上のファイルシステムを解釈し，ファイルを読み込む機能を備えている場合が多い．

[25] ただし，UEFI ではカーネルを配置するファイルシステムも規定しているため，セカンダリブートローダを使わずに直接カーネルをロードすることも可能である．

# 第3章
# プロセス

OS 上で実行中のプログラムをプロセスという．私たちが Web ブラウザや表計算などのアプリケーションプログラムを実行しているとき，裏では対応するプロセスが動作している．本章ではプロセスについて説明する．

## 3.1 プロセスとスレッド

### 1. プロセスとは

OS の上で実行中のプログラムのことをプロセス（process）と呼ぶ（1.2 節 1. 参照）．プログラムを実行するたびに新たなプロセスが生成され，プログラムを終了するたびにプロセスは消滅する．プロセスの管理は OS の中心的な機能である．

Windows 以前に広く使われていた MS-DOS では，同時に 1 つのプログラムしか実行できなかった．このような方式をシングルタスク（single task）と呼ぶ．シングルタスクのシステムではシステム上に存在するプロセス数は高々 1 つである．

一方，現代の OS は，複数のプログラムを同時に実行できるマルチタスク（multi-task）（マルチプロセス（multi-process）ともいう）をサポートしている[1]．

プロセスには次の側面がある．

........................................

[1] Windows や macOS では，ユーザがアプリケーションプログラムを起動していない状態でも，通常 100 個以上のプロセスが裏で動作している．

## (1) 保護の単位

ユーザは信頼度の低いプログラム（バグがあったり，悪意があるプログラムなど）を動かす可能性がある．そのような場合でもシステムを安定動作させることは OS の重要な役割の 1 つである．

このため，OS はそれぞれのプロセスがほかのプロセスや OS そのものに影響を与えないように隔離し，保護する．バグがあるプログラムを動かしても（たいていの場合は）当該プロセスがクラッシュ（異常終了）するだけで済むのはこのためである．

## (2) 資源割当ての単位

プロセスが動作するには，機械語を実行するためのプロセッサと，プログラムやデータを配置するためのメモリが必要である．マルチタスクシステムでは複数のプロセスがこれらの資源を必要とする．

OS はシステムがスムーズに動作するように，各プロセスに対して適切に資源を割り当てる．

## (3) 権限の単位

OS 上にはさまざまなオブジェクト（ファイル，各種デバイス，プロセス間通信で用いるソケットや共有メモリなど）が存在する．OS は，それぞれのオブジェクトに対して操作を行う権限を，プロセスごとに管理する．

プロセスが許可されていない操作を行おうとすると，OS はプロセスの実行を停止させたり，ユーザに許可を求めたりする．

## 2. スレッドとは

例えば C 言語のプログラムは，main 関数を起点として，ループを回ったり条件分岐したり関数を呼び出したりしながら動作する．このようなプログラムの実行の流れをスレッド（thread）という[2]．

古典的な OS（初期の Unix 系 OS や MS–DOS，Windows 3.1 など）では 1 つ

---

[2] スレッドという用語は，thread of execution に由来する．スレッドは，プロセッサが機械語を実行する流れであるハードウェアスレッド（2.2 節 1. 参照）を指す場合と，ここで述べたようなプロセス内のプログラム実行の流れを指す場合がある．後者はユーザスレッドあるいはソフトウェアスレッドともいう．一般にスレッドといえば後者を指す場合が多い．本書でも，単にスレッドといえばユーザスレッドを意味するものとする．

のプロセスで1つのスレッドしか実行できなかったが，現代のOSは，1つのプロセスで複数のスレッドを実行する**マルチスレッド**（multi-threading）をサポートしている．このようなOSでは，アプリケーションプログラムから必要に応じてプロセス内に新たなスレッドを生成したり，消滅させたりすることができる．それぞれのスレッドは，プログラム中の異なる箇所を並行に（あるいは並列に）実行できる．

---

#### —並列と並行—

情報工学では並列と並行を以下のように区別して使用する．

複数のプロセッサを使って，複数の処理を真に同時に（simultaneously）実行することを**並列処理**（parallel processing）という．並列処理には，マルチプロセッサを備えた単一コンピュータによるものと，複数のコンピュータによる分散処理によるものがある．また，複数のデータに対して，単一の機械語命令で同じ演算を行う**SIMD**演算も並列処理として扱うことがある．

一方，同時に実行可能な処理が複数あって，それらを大まかに同時に実行することを**並行処理**（concurrent processing）と呼ぶ．並行処理ではある瞬間にすべての処理を同時に実行する必要はなく，プロセッサが実行する処理を切りかえることで，見かけ上，複数の処理を同時に実行してもよい．並行処理は並列処理を概念に含む．

マルチスレッドを用いると，1つのプログラムに含まれる並行処理を容易に記述することができる．

複数のスレッドは，単一プロセッサシステムでは並行に，マルチプロセッサシステムでは並列に動作するが，プログラムの上ではその違いを意識する必要はない．

---

マルチスレッドで動作するプログラムを**マルチスレッドプログラム**（multi-threaded program）という．マルチスレッドプログラムには以下の利点がある．

**(1) スループットの向上**

1つのスレッドが入出力処理などでブロックされていても，他のスレッドは動作を継続できるため，シングルスレッドのプログラムに比べてスループットが向上する．

**(2) マルチプロセッサの活用**

シングルスレッドプログラムは，マルチプロセッサシステムで実行してもプロ

グラムの処理速度が高速化されるわけではない.

　一方,マルチスレッドプログラムをマルチプロセッサシステムで実行した場合,複数のスレッドを並行に実行できるため,処理速度を高速化できる場合がある.例えば,巨大な配列のソートでは,複数のスレッドによって並列に処理することで高速化する手法が使われている(並列ソートという).

### (3) 並行処理の表現

　アプリケーションプログラムによっては,複数の処理を並行に実行したい場合がある.例えばネットワークサーバでは,複数のクライアントとの通信を並行に実行する必要がある.また,GUIアプリケーションプログラムでは,長時間かかる計算処理を行っている間でもマウスやキーボードからの入力があれば即座に応答する必要がある.このような処理はマルチスレッドを用いると自然に記述できる.

　近年の多くのプログラミング言語はマルチスレッドを言語仕様に含む(Java,C#,Python,Go,Rust,C(C11規格以降),C++(C++11規格以降)など).スレッドに関しては3.1節9.で詳しく述べる.


## 3. 実行ファイル

　アプリケーションプログラムは,実行ファイル(executable file)と呼ばれるファイルに格納されている.実行ファイルは機械語プログラムを決められたフォーマットにしたがって格納したものである.OSによって実行ファイルのフォーマットは異なる.

### (1) 実行ファイルの構造

　実行ファイルはヘッダと複数のセクションから構成される.

　ヘッダは,マジックナンバ[※3]から始まり,実行ファイルに関する各種の情報(各セクションのサイズ,プログラムの実行開始アドレス,サポートするOSのバージョンやプロセッサの情報など)を格納している[※4].

　また,代表的なセクションを次に示す.

.................................................

[※3] ファイルの先頭にある,ファイル形式を識別するための特別な値のこと.例えばWindowsの実行ファイル(exeファイル)は先頭2Bが0x4d, 0x5a("MZ")で始まる.

[※4] 以下,アドレスは,プロセスが物理アドレス空間で動作する場合は物理アドレス,仮想アドレス空間(4.3節参照)で動作する場合は仮想アドレスを指す.

- テキスト（text）：プログラムの機械語命令の部分を格納する[5].
- データ（data）：プログラムが使用するデータのうち，初期値が与えられているものを格納する．初期値があるグローバル変数はこのセクションに割り当てられる[6].
- BSS：初期値が与えられていないデータのための領域である．実行ファイルには BSS セクションのサイズ情報のみが格納される[7].
- 共有ライブラリ情報：動的リンク（4.4 節参照）する共有ライブラリに関する情報を格納する．
- リロケーションテーブル（relocation table）：プログラムを任意のアドレスに配置するための情報を格納する（再配置を行う OS のみ．3.1 節 3. 参照）.
- シンボルテーブル（symbol table）：関数やグローバル変数などのシンボルとアドレスの対応表を格納する．動的リンクでは，動的ライブラリからプログラムのアドレスを参照するために用いる．また，デバッガはこの情報を使用することで，（アドレスではなく）シンボル名を使用してデバッグできるようにする．
- デバッグ情報：デバッグに必要な情報（ソースコードの行番号とアドレスの対応表など）が格納される．デバッガはこの情報も参照する．プログラム開発段階でのみ使用される．
- その他：フォーマットによっては実行ファイルのアイコンの画像などを格納できるものもある．

通常，実行ファイルは単一のプロセッサアーキテクチャ（例えば x86）用のプログラムのみを含んでいるが，フォーマットによっては複数のプロセッサアーキテクチャ用のプログラムを入れることができるものもある．このような実行ファイルはファットバイナリ（fat binary）と呼ばれる．

..................................................

[5] これをテキストと呼ぶのは歴史的な経緯による．
[6] 実行ファイルのフォーマットによっては，可変データと定数データ（実行中に値が書き換えられないデータのこと．例えば，C 言語で const 宣言されたデータなどがこれにあたる）を別々のセクションに分けるものもある．
[7] BSS の名称は block started by symbol という 1950 年代のアセンブラの疑似命令に由来する．

**(2) 実行ファイルの生成**

C言語などの高水準言語で記述されたソースコードは，コンパイル → アセンブル → リンクという段階を経て実行ファイルに変換される．

これらの処理は，それぞれコンパイラ，アセンブラ，リンカと呼ばれるプログラムによって実行されるが，一般的にはコンパイルドライバ (compile driver) と呼ばれるプログラムが実行するため，表には見えないことが多い（また，この過程をすべてまとめてコンパイルと呼ぶことも多い）．現代では，エディタ，コンパイラやデバッガなどが統合された，**統合開発環境**（integrated development environment; **IDE**）を使ってプログラム開発を行う場合が多いが，IDE でも内部的にはこれらの段階を実行している．

なお，コンパイルドライバ，コンパイラ，アセンブラ，リンカなどをまとめて**コンパイラスイート**（compiler suite）あるいは**コンパイラツールチェイン**（compiler tool chain）と呼ぶ．

**(3) コンパイル**

高水準言語のプログラムをアセンブリ言語に変換することを**コンパイル**（compile）といい，それを行うプログラムを**コンパイラ**（compiler）と呼ぶ．アセンブリ言語は，機械語プログラムをニーモニックなどで表記したものである．

機械語プログラムではメモリへのアクセスや関数（サブルーチン）呼出しなど，さまざまな箇所でアドレスを指定する必要があるが，アセンブリ言語では具体的なアドレスのかわりに**シンボル**（symbol）（あるいは**ラベル**（label））と呼ばれる識別子を使うことができる．

コンパイラは，関数や静的変数の先頭アドレスに対して，関数名や変数名のシンボルを生成する（例えば，main 関数の先頭アドレスに対して，`main` という同名のシンボルを生成する）．各シンボルはプログラム中のアドレスを表しているが，その具体的な値はリンク時（あるいはプログラム実行時）に確定する．

なお，OS やプロセッサごとに ABI（次のコラム参照）が異なるため，コンパイラは対象システムごとに異なるアセンブリ言語プログラムを生成する．

—ABI—

複数の機械語プログラムを結合（リンク）する場合，関数の呼出し規約や変数の
サイズなどをそろえる必要がある．これらのルールはまとめて **ABI**（application
binary interface）と呼ばれる．

異なるコンパイラが出力したオブジェクトファイルどうしを結合するためには
ABI を統一する必要があるため，OS ごとに ABI を規定している．

## (4) アセンブル

コンパイラによってアセンブリ言語に変換されたプログラムは，次にアセンブ
ラ（assembler）によって機械語プログラムに変換され，オブジェクトファイル
（object file）として保存される．この処理をアセンブル（assemble）と呼ぶ[8]．
オブジェクトファイルは最終的なプログラム（実行ファイル）となる前の中間的
な形式であり，実行ファイルと同様，テキストセクションやデータセクションな
どの複数のセクションから構成される．

オブジェクトファイルの段階では，各セクションがメモリ上で配置されるアド
レスは確定していないため，各セクションには 0 番地を仮の先頭アドレスとして
機械語プログラムやデータを割り付け，またシンボルのアドレスを計算する．

一般的なプログラムは複数のオブジェクトファイルで構成されるため，それぞれ
のオブジェクトファイルはしばしばほかのオブジェクトファイルやライブラリで
定義されている関数やグローバル変数などを参照する．これを外部参照（external
reference）と呼ぶ．例えば，C 言語のソースファイル main.c からライブラリ関数
である printf を呼び出す場合，main.c から生成されたオブジェクトファイルから
printf は外部参照される．オブジェクトファイルの生成時点では外部参照してい
るシンボルの具体的な値（例えば printf のアドレス）は未確定であるため，オブ
ジェクトファイル中で外部参照シンボルを使用している箇所は暫定的な値（一般
的には 0）を埋めておき，リンク時に修正する．

オブジェクトファイルで定義または外部参照されているシンボルは，その仮の
アドレス（外部参照の場合は「未定義」を表す値）とともに，オブジェクトファ

---

[8] 最初期のコンピュータの 1 つである EDSAC で，ニーモニックを 17 ビットのコードに
組み立てることを assemble といっていたことに由来する．

イルのシンボルテーブルに格納する．また，プログラム中で，配置されるアドレスに応じて書き換える必要がある箇所（絶対アドレスを使用しているオペランド部分など）や，外部参照シンボルの値が確定してから埋める箇所に関する情報は，オブジェクトファイルのリロケーションテーブルに格納する．

(5) リンク

リンク（link）には静的リンク（static linking）と動的リンク（dynamic linking）がある．ここでは静的リンクについて説明し，動的リンクは 4.4 節で説明する．

静的リンクでは，プログラムを構成するオブジェクトファイルを結合し，実行ファイルを生成する．この処理を行うプログラムを静的リンカ（static linker），あるいはリンケージエディタ（linkage editor），静的リンケージエディタ（static linkage editor）という．単にリンカといえば，（後述する動的リンカではなく）こちらを指す場合が多い．

静的リンカは，各オブジェクトファイルに含まれる同一セクションを抜き出してプログラムの先頭アドレスから順番に並べ，アドレスを割り付ける．このとき，リロケーションテーブルを参照して各セクション中の配置アドレスに依存する箇所を修正する．この処理を再配置（relocation）という．また，各オブジェクトファイル中で定義されたシンボルのアドレスが確定するので，外部参照シンボルを使用している箇所を確定したアドレスで埋める．この処理はシンボル解決（symbol resolution）という．

OS によって，メモリ上で実行プログラムを配置するアドレスが固定されている場合と，そうでない場合（実行時に決定される場合）がある[*9]．固定されている OS では，静的リンカはそのアドレスに配置される前提で実行ファイルを生成する．一方，固定されていない OS では，実行プログラムをどのアドレスでも動作できるようにする必要がある[*10]．このためには，次の2つの方法がある．

- 実行ファイルにもオブジェクトファイルと同じようにリロケーションテーブルを付与し，プログラム実行時にも再配置処理を行う．

............................................

[*9] 例えば，CP/M-80 では，プログラムの開始アドレスは 0x100 番地に固定されている（4.2 節 1. 参照）

[*10] この性質を再配置可能（relocatable，リロケータブル）といい，そのようなプログラムをリロケータブルバイナリ（relocatable binary）という．

- コンパイラが出力する機械語プログラムを位置独立コード（position independent code; **PIC**）[*11]にする.

　静的リンクでは，プログラムが参照する printf のようなライブラリ関数もほかのオブジェクトファイルと同様に実行ファイルと結合させる. 静的リンクのために使用されるライブラリは**静的ライブラリ**（static library）と呼ばれる. 静的ライブラリは複数のオブジェクトファイルを 1 つのファイルにまとめた（アーカイブした）ものである. 静的リンカは，オブジェクトファイル中の外部参照シンボルの情報を用いて，静的ライブラリから必要なオブジェクトファイルを抜き出し，実行ファイルに結合する.

　さらに，静的リンクではランタイムライブラリも結合する. ランタイムライブラリ（run-time library）とは，高水準言語で記述されたプログラムが実行時に必要とする低レベルの処理を集めたライブラリである. 例えば，C 言語のプログラムの場合，実行環境を初期化して main 関数を呼び出す処理は，ランタイムライブラリに含まれるスタートアップルーチンに記述されている.

　静的リンカは実行ファイルのヘッダ中にプログラムの実行開始アドレスを記録する. このアドレスはスタートアップルーチンの先頭アドレスである.

## 4.　プロセスの生成

　新しいプロセスの生成は，動作中の（既存の）プロセスがプロセス生成のためのシステムコールを実行することで行う. ユーザが何らかのアプリケーションプログラムを起動するときは，シェルがこのシステムコールを実行している. なお，OS が起動して最初に実行するプロセスではこの方法が使えないため，カーネル自身が起動する.

　プロセスを生成するとき，生成する側のプロセスを**親プロセス**（parent process），生成された側のプロセスを**子プロセス**（child process）と呼ぶ.

　プロセスの生成では，主に次の 2 つの方式がある.

........................................

[*11] 機械語プログラム中でアドレスを指定する際に，絶対アドレス（アドレスの具体的な値）を使用せず，かわりに現在のプログラムカウンタ（2.2 節 1. 参照）からの差（相対アドレス）を使用することで，ロードされたアドレスに関係なく動作するプログラムのこと.

## (1) spawn 方式

spawn 方式は，システムコールの引数で実行ファイルを指定し，直接，子プロセスを生成する方式である．このとき，子プロセスとして実行するプログラムの環境（引数など）は，すべてシステムコールへの引数で与える必要がある．Windowsはこの方法を採っている（CreateProcess システムコール）．

## (2) fork/exec 方式

fork/exec 方式は，Unix 系 OS に特徴的な方式である．まず，親プロセスは，fork システムコールを用いて自身のプロセスの複製を作成することで子プロセスを生成する．スタックなども複製するため，子プロセスは fork システムコールを呼び出した直後の状態から実行が始まる．この時点では，子プロセスは親プロセスと同じプログラムを実行しているが，その後，子プロセス側で exec システムコールを実行することで，実行中のプログラムをシステムコールの引数で指定した実行ファイルに入れかえる．

この方式は，fork した後の子プロセス側でさまざまな準備（入出力の切りかえや，プロセスに対する制限の設定など）を行ってから実行ファイルの実行を開始できるため，柔軟性が高い（7.1 節 4. 参照）．

## 5.　プログラムのロード

プログラムを実行するには，補助記憶装置上に実行ファイルとして格納されている機械語プログラムを，プロセッサのアドレス空間上に読み込む（ロードする）必要がある．また，スタックやヒープ領域（後述）など，実行中に必要となるメモリ領域を確保し，初期化する必要もある．これらを行うプログラムはローダ（loader）と呼ばれ，カーネルに組み込まれている．

ロードにあたって，OS はプロセスにアドレス空間上の適当なメモリ領域を割り当てる．このメモリ領域をユーザ領域（user area）という．ユーザ領域は目的によっていくつかの領域に細分化される．一般的な OS では次の領域がある（図 **3.1**）．

- テキスト領域（text segment）：プログラムを構成する機械語命令を格納する．実行ファイルのテキストセクションに対応する．
- データ領域（data segment）：初期値が与えられているデータのための領域である．実行ファイルのデータセクションに対応する．

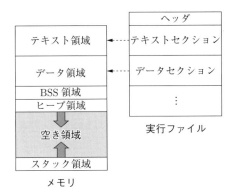

図 **3.1** ユーザ領域の各領域と実行ファイルの対応

- BSS 領域（bss segment）：初期値が与えられていないデータのための領域である．実行ファイルの BSS セクションに対応する．
- ヒープ領域（heap segment）：C 言語の malloc 関数や C++言語の new 演算子のように，プログラム実行中に動的に割り当てるメモリのための領域である．ヒープ領域は必要に応じて（通常，アドレスの大きくなる方向に）拡大する．
- スタック領域（stack segment）：機械語プログラム実行中に使用されるスタックのための領域である．一般的なプロセッサではスタックはアドレスの小さくなる方向に拡大するため（2.2 節 2. 参照），スタック領域はメモリの高位アドレスに確保する．

プログラムをロードする際は，以下の処理を行う．

i) 実行ファイルのヘッダ部から各セグメントの大きさを読み取る．
ii) 必要なメモリ領域を確保する．
iii) 実行ファイルからテキストセクションとデータセクションの内容をメモリ上に読み込む．この際，プログラムの先頭アドレスが固定されていない OS では，再配置も行う（3.1 節 3. 参照）．
iv) BSS 領域を初期化する（一般的には 0 でクリアする）．

v) スタック領域を初期化する（一般的には 0 でクリアする）[12].

vi) プログラムが動的リンクされている場合，動的リンクに備えた準備を行う（メモリ上に共有ライブラリを配置するなど．4.4 節参照）.

なお，仮想記憶を用いるシステムでは，プロセスのメモリが実際に参照されたときまで実行ファイルからの読み込みを遅延させるデマンドページングが使用される（4.3 節 3. 参照）.

## 6. 初期スレッドの生成

プロセス生成処理の過程で，最初に実行するスレッド（初期スレッド（initial thread）という）を生成する．初期スレッドは，スタックとしてプロセスのスタック領域（3.1 節 5. 参照）を使用し，実行ファイルで指定されている実行開始アドレスから実行を開始する.

ただし，実際にスレッドが実行されるのは，スケジューラ（3.2 節 1. 参照）がプロセッサを割り当てたときである.

## 7. プロセスの終了

プロセスは，自分自身を終了するためのシステムコールを実行することで終了する（Unix 系 OS では _exit，Windows では ExitProcess など）．C 言語でプログラムを終了するための exit 関数は内部でこれらを呼び出している.

プロセスはほかのプロセスを終了させることもできる．これは，複数のプロセスによって構成されたアプリケーションプログラムを停止させる場合などで有用である．OS はこのためのシステムコール（Unix 系 OS では kill，Windows では TerminateProcess など）を提供する.

また，OS は異常な動作を行ったプロセスを強制終了させる．プロセスが，許可されていないメモリアドレスへのアクセスや特権命令などの無効な機械語命令の実行，ゼロによる除算といった動作を行うと，プロセッサは例外を発生させる（2.2 節 4. 参照）．OS はこれを契機としてそのプロセスを強制終了（異常終了）させる.

......................................................

[12] プログラムを実行するうえで，スタック領域がクリアされている必要は一般的にはないが，ほかのプロセスが使用していたメモリ領域をそのまま新しいプロセスに割り当てると情報漏洩につながる可能性があるため，クリアすることが普通である.

　プロセスが異常終了するとき，プログラムの開発者がその原因を追求できるようにするため，OS は異常終了時のメモリの内容をファイルに吐き出せるようになっている．このファイルはコアダンプ（core dump）あるいはクラッシュダンプ（crash dump）と呼ばれる．デバッガはこのファイルを参照することで，異常終了時に実行していた関数や変数の値などを表示することができる．

　プロセスが終了した理由を親プロセスなどに通知するために，プロセスには終了ステータス（exit status）がある．終了ステータスは整数値で，自身を終了させるシステムコール（_exit など）の引数で与えるが，プロセスが異常終了した場合には，終了ステータスはその理由を示す値となる．親プロセスは子プロセスの終了ステータスコードをシステムコールによって取得できる．

　OS はプロセスが終了するとき，プロセス内のすべてのスレッドを終了させる．また，プロセスに割り当てていたすべての資源（メモリやオープン中のファイルを管理するための領域など）を開放する．

## 8. プロセスの管理

　OS はプロセスを管理するために，個々のプロセスに対してカーネル内にプロセス制御ブロック（process control block; **PCB**）と呼ばれるデータ構造を割り当てる．PCB には一般的に以下の内容が含まれる．

- 個々のプロセスを識別するための整数値（プロセス **ID**（process ID; **PID**）という）．
- プロセスを実行しているユーザに関する情報
- （カーネルがマルチスレッドをサポートする場合）プロセスに含まれるスレッドを管理するための情報（TCB の情報．3.2 節 3. 参照）
- プロセスが使用しているメモリ領域に関する情報（仮想記憶を使用している場合は，仮想アドレス空間を管理するための情報（4.3 節参照））
- プロセスが使用している資源（オープンしているファイルなど）に関する情報
- プロセスが保持する権限に関する情報
- 使用したプロセッサ時間やメモリ使用量，入出力の回数などに関する統計情報（アカウンティング情報）

また，システムの各プロセッサがどのプロセスを実行しているのかを管理する
ため，プロセッサごとに現在，実行中のプロセスのPCBへのポインタをもつ（シ
ングルプロセッサシステムでは1つ）．

## 9. スレッド

3.1節2. で述べたように，スレッドとはプロセス内のプログラムの実行の流れ
である．同一プロセス内の複数のスレッドはアドレス空間を共有し，互いに協調
して動作する．これらのスレッドの間には保護は存在しない．あるスレッドがメ
モリ中のどこかのアドレスに書き込むと，その内容は即座にほかのスレッドから
見える．これは，異なるプロセスの間では仮想記憶機構（4.3節参照）によって互
いのメモリにアクセスできないように隔離されていることと対照的である．

スレッドは生成時に指定されたアドレス（一般的には関数の先頭アドレス）か
ら実行を開始する．それぞれのスレッドは，独立したスタックとプロセッサのレ
ジスタセットをもつ．スレッドのスタックは，アドレスが互いに重ならないよう
に割り当てる[13]．

スレッドは自由に生成できるが[14]，コンピュータがある瞬間に実行できるス
レッドの数はプロセッサの数が上限である．このため，OSはプロセッサを時分割
して用いる．すなわち，プロセッサがあるスレッドを短時間実行したら，次に別
のスレッドに切りかえて短時間実行する，というように，実行するスレッドを短
時間で切りかえる．これによって，OSはプロセッサの数以上のスレッドを見かけ
上，同時に（並行に）実行する[15]．

このように，プロセッサが実行するスレッドを切りかえる処理をコンテキスト
スイッチ（context switch）あるいは文脈切りかえという．コンテキストスイッチ
はスレッドからは透過であり，それぞれのスレッドからは自分専用のプロセッサ
がスレッドを実行しているように見える[16]．コンテキストスイッチの実現法につ

........................................

[13] プロセスの生成にともなってつくられる初期スレッドではプロセスのスタック領域を用い
るが，ほかのスレッドではヒープ領域などから割り当てる．
[14] 1プロセスで数十個のスレッドが動作することも珍しくない．
[15] このように1つのデバイスを時分割で切りかえて使用することを時分割多重化（time
division multiplexing）という．
[16] ユーザスレッドはハードウェアスレッドを仮想化したものと考えることができる．

いては 3.2 節 5. で述べる.

**(1) スレッドの状態**

スレッドには，以下の状態がある.

- 実行中（running）：プロセッサが割り当てられ，実行している状態.
- 実行可能（runnable）：プロセッサが割り当てられていないため，実行を中断している状態. レディ（ready）ともいう.
- ブロック（blocked）：何らかのイベントを待っているため，実行が進まない状態. **閉塞状態**ともいう. この状態でもプロセッサは割り当てられない. なお，スレッドがこの状態に遷移することをブロックするという.

スレッドが生成された直後は実行可能状態である. スケジューラ（3.2 節 1. 参照）がプロセッサを割り当てると実行中状態になり，スレッドの実行が始まる.

また，スレッドが何らかのイベントを待つシステムコールを実行するとブロック状態に遷移し，プロセッサを明け渡す（すなわち，ほかのスレッドにコンテキストスイッチする）. その後，待っていたイベントが発生し，スレッドを再開する準備が整ったらブロック状態から実行可能状態に遷移する（これを**ウェイクアップ**（wakeup）あるいは**アンブロック**（unblock）という）. 例えば，スレッドがキーボードからデータを読み込む場合，スレッドは対応するシステムコールを実行してブロック状態に遷移する. その後，キーボードからデータが到着するとスレッドはウェイクアップされ，実行可能状態に遷移する.

**(2) スレッドの操作**

OS はスレッドに関する操作を C 言語の **API**（application programming interface）[17]として提供する場合が一般的である. 以下に，Unix 系 OS で一般的な POSIX threads API（**Pthreads** ともいう）を用いたマルチスレッドプログラムの例を示す.

```
1  // マルチスレッドプログラムのサンプル
2  #include <pthread.h>
3  #include <stdio.h>
4  #include <stdlib.h>
5  #include <unistd.h>
6
```

[17] サービスや処理をプログラミング言語から呼び出すためのインタフェースのこと.

```
 7  // スレッドとして実行する関数の定義
 8  static char *thread_func(void *arg)
 9  {
10    printf("sub: sleep 1sec\n");
11    sleep(1); /* sleep for 1sec. */
12    printf("sub: done\n");
13    return "bye!";
14  }
15
16  extern int main(int argc, char **argv)
17  {
18    pthread_t th;
19    printf("main: creating a thread\n");
20    // thread_func から実行開始するスレッドを生成する. 引数は NULL.
21    int rc = pthread_create(&th, NULL, (void*(*)(void*))&thread_func, NULL);
22    if (rc) {
23      perror("pthread_create");
24      exit(1);
25    }
26    printf("main: waiting for its termination...\n");
27    char *val;
28    // 生成したスレッドが終了するのを待機し, 戻り値を val に受け取る.
29    rc = pthread_join(th, (void**)&val);
30    if (rc) {
31      perror("pthread_join");
32      exit(1);
33    }
34    printf("main: finished (%s)\n", val);
35  }
```

## 10.　システムコール

　ユーザプログラムから自由にプロセッサの設定を変更したりハードウェアを直接制御したりすることができると, システムの安定性やセキュリティ上重大な問題となる. このため, カーネルは, スレッドが実行ファイルからロードした機械語プログラムを実行している間, プロセッサをユーザモード (2.2 節 3. 参照) に設定する[18]. ユーザモードでは問題がある動作を行おうとすると特権違反例外 (2.2 節 4. 参照) が発生するため, カーネルは当該プロセスを強制終了させるなどの処置を行う.

　さて, カーネルはプロセスに対してファイルの読み書きやメモリの割当てなど

........................................

[18] OS の管理者ユーザ (Unix 系 OS の root や Windows の Administrator など) のプロセスも同様である.

のさまざまな機能を，C 言語などから呼出し可能な API として提供する．このような API をシステムコールという[19]．プロセスから見ると，システムコールはカーネルへの入口といえる．一般的な OS では数百個〜数千個程度のシステムコールがある．

ユーザプログラムからシステムコールを呼び出す際，プロセッサのモードをユーザモードからカーネルモードに切りかえる．また，システムコールの処理が終了してユーザのプログラムに戻る際は，逆にカーネルモードからユーザモードに切りかえる．このように，スレッドの実行中，プロセッサはユーザモードとカーネルモードを行ったり来たりしながら動作することになる．

システムコールの処理など，プロセッサがカーネル内のコードを実行中は，ユーザのプロセスのスタック（ユーザスタック（user stack））とは別のスタック（カーネルスタック（kernel stack））を使用する．カーネルスタックはユーザのプロセスからアクセスできないメモリ領域（カーネル領域（kernel area））にある．カーネルスタックを用いるのは，ユーザのプロセスのスタックは安全とは限らないためである[20]．カーネルスタックはスレッドごとに用意する．ユーザコードを実行している間はカーネルスタックは空である．

システムコールの実行は以下のようにして行われる．

i)  アプリケーションプログラムが，システムコールのラッパー関数を呼び出す．ラッパー関数（wrapper function）はシステムコールを呼び出すためだけの小さな関数で，システムコールごとに定義されている．例えば，Unix 系 OS では，ファイルをオープンする open システムコールに対してラッパー関数である open 関数が定義されている．

ii)  ラッパー関数は，システムコール番号（呼び出すシステムコールを識別するための値）とシステムコールへの引数をカーネルに渡すために，レジスタやスタックなどに書き込む．具体的な渡し方は OS やプロセッサによって異なる．

......................................................

[19] Windows ではシステムコールのことを **Windows API** と呼ぶ．
[20] プロセスはスタックポインタを任意の値に書き換えられるため，スタックポインタが有効なスタック領域を指していることは保証できない．また，カーネルコード実行中のスタックをプロセスのほかのスレッドなどから書き換えられるとカーネルが誤動作する可能性もある．

iii) ラッパー関数はシステムコールを実行するための特別な機械語命令（以下，システムコール命令と呼ぶ）を実行する．この命令はソフトウェア割込み（2.2節 4.参照）を引き起こす[21]．この命令はおおむね以下のように動作する（プロセッサによって詳細は異なる）．

① プロセッサをカーネルモードに遷移させる．

② スタックをカーネルスタックに切りかえる．

③ 後でユーザプログラムの実行に戻ることができるように，プログラムカウンタの値（システムコール命令の次の命令を指している），カーネルスタックに切りかえる前のスタックポインタなどの値を，レジスタやカーネルスタックなどに退避する．

④ カーネル内にある，システムコールを処理するためのルーチン（システムコール処理ルーチン）に制御を移す．

iv) システムコール処理ルーチンは ii) で渡されたシステムコール番号を読み取り，そのシステムコールを処理する関数（**システムコール処理関数**）を呼び出す．

v) システムコール処理関数が終了したら，システムコール処理ルーチンに制御が戻る．ここでシステムコールの返り値をレジスタなどに書き込み，ユーザモードに戻るための機械語命令を実行する[22]．

vi) この命令によりプロセッサはユーザモードに遷移し，iii) で退避した情報を復元する．これによりプログラムカウンタはシステムコール命令直後のアドレス（ラッパー関数内部）に設定され，そこから実行を再開する．

vii) ラッパー関数はカーネルからの返り値を受け取り，ラッパー関数の返り値として返す．

それぞれのシステムコールの処理では，与えられた引数の有効性を注意深く確認する必要がある．無効な引数が指定された場合（ポインタの値がカーネル空間を指している，本来読む権限がないファイルをオープンしようとしているなど）

----

[21] x86 アーキテクチャでは INT 命令や SYSENTER 命令，x64 アーキテクチャでは SYSCALL 命令など．

[22] x86 アーキテクチャでは IRET 命令や SYSRET 命令，x64 アーキテクチャでは SYSEXIT 命令など．

は，システムコールの処理を中断し，エラーとしなければならない．チェックに
もれがあるとセキュリティホール（security hole，セキュリティ上の欠陥のこと）
となったり，OSがクラッシュしたりすることになる．

## 3.2 スケジューリング

### 1. スケジューリングの概要

初期のシステムは，一度に1つのプログラムしか実行しないシングルタスクシ
ステムであった．このようなシステムでは，実行中のプログラムが入出力の完了
を待ってブロックすると，その間，プロセッサは実行すべき処理がなくなってし
まう[23]．このように，プロセッサが行う処理がない状態をアイドル状態（idle
state）という．初期のシステムは非常に高価だったので，可能な限りアイドル状
態を減らし，単位時間あたりに処理する仕事の量（スループット）を向上させる
ことが求められた．

このような背景から，マルチプログラミング（multiprogramming）（もしくは多
重プログラミングという）が登場した．マルチプログラミングでは，複数のプロ
グラムを同時にメモリ上に載せ，あるプロセスが入出力の完了を待っている間に
別のプロセスを実行する．これによってプロセッサの利用効率を高めることがで
きる．また，プロセッサの処理と入出力装置の処理を並行に行う（重畳する）た
め，スループットも向上する．

1970年ごろ，同時に複数のユーザが1台のコンピュータを対話的に利用する，
タイムシェアリングシステムと呼ばれる利用形態が登場した．タイムシェアリン
グシステムでは，ユーザの入力に対してすばやく応答する応答性が求められる．
しかし，単純なマルチプログラミングは応答性が悪く，タイムシェアリングシステ
ムでは実用的ではないため，複数のプロセスの間でプロセッサを短時間にスイッ
チするようにマルチプログラミングを拡張し，応答性を向上させる方式が登場し
た．これをマルチタスクと呼ぶ．

マルチタスクには，協調的マルチタスク（cooperative/non-preemptive multi-

---

[23] プロセッサに比べて入出力デバイスは非常に遅い（2.3節2. 参照）．例えばプログラムが
補助記憶装置上のファイルを読み込む場合，デバイスコントローラに読み込み命令を送っ
た後は，要求したデータが届くまでの間，プロセッサは暇である．

tasking）とプリエンプティブマルチタスク（preemptive multitasking）がある．協調的マルチタスクでは，それぞれのプログラムは自発的に他のプログラムにプロセッサを譲る（これを yield という）操作を行うまで実行を継続する．このため，各プログラムは長時間プロセッサを専有しないように定期的に yield するなど，注意深く記述する必要がある（さもなければシステムがハングアップしてしまう）．協調的マルチタスクは単純で，実装はプリエンプティブマルチタスクに比べて容易である[24]．

一方，プリエンプティブマルチタスクでは，プログラムが明示的に yield しなくても，実行するプログラムをカーネルが強制的に切りかえる．この強制的な切りかえのことをプリエンプション（preemption）または横取りという．プリエンプションされたプログラムはいずれ中断した処理の続きを実行する機会が与えられる．また，プログラムがプリエンプションされずに連続して実行できる時間のことをタイムスライスあるいはタイムクォンタム（time quantum）という．典型的なタイムスライスは数ミリ秒から 100 ミリ秒程度である．現代の OS ではプリエンプティブマルチタスクが一般的である（Windows 95 以降の Windows や Unix 系 OS はプリエンプティブマルチタスクを採用している）．

マルチタスクシステムでは，どのプロセスにプロセッサを割り当てて実行するのかを決める必要がある．この処理をスケジューリング（scheduling）といい，スケジューラ（scheduler）と呼ばれるプログラムが担当する[25]．また，スケジューラがあるプロセスにプロセッサを割り当てることをディスパッチ（dispatch）という．

マルチスレッドをサポートしない古典的な OS ではスケジューリングの対象はプロセスであったが，現代の OS ではスケジューリングの対象はスレッドである．

以下では，わかりやすさを優先し，スケジューリングの対象をプロセスとし，

........................................................

[24] PC 用の OS で協調的マルチタスクを採用した例としては，Windows 3.x や Classic Mac OS がある．

[25] スケジューラには，短期スケジューラ(short term scheduler)，中期スケジューラ(medium term scheduler)，長期スケジューラ（long term scheduler）がある．短期スケジューラはここで述べたスケジューラであり，実行中のプロセス間のスケジューリングを行う．中期スケジューラについては 4.2 節 4. で述べる．長期スケジューラはバッチシステムなどで使用され，実行を待っているプログラムの中のどれをメモリにロードして実行するかを決定する．一般的なデスクトップ OS では短期スケジューラだけが存在する．

シングルプロセッサシステムにおけるスケジューリングについて説明する．マルチスレッドのスケジューリングについては 3.2 節 3. で，マルチプロセッサにおけるスケジューリングについては 3.2 節 4. で触れる．

## 2. スケジューリングアルゴリズム

スケジューリングでは，以下が主な性能の指標となる．

- **プロセッサ利用率**（processor utilization）：単位時間あたりの，プロセッサがアイドル状態ではない時間の割合
- **スループット**：ここでは，単位時間あたりの，実行を完了したプログラム数
- **ターンアラウンドタイム**（turnaround time）：プログラムの実行を指示してから実行が完了するまでの時間
- **応答時間**（response time）：ユーザからの入力に対して応答するまでの時間
- **公平性**（fairness）：すべてのプロセスに対してプロセッサが公平に割り当てられること

スケジューリングにおける目標はシステムによって異なる．バッチシステムでは，高いスループットと小さなターンアラウンドタイムが求められるが，タイムシェアリングシステムや PC のような対話的システムでは応答時間の短さや公平性が重要である．また，リアルタイムシステムでは，各プロセスの処理が必ず決められた期限（デッドライン）までに完了するようにスケジューリングすることが求められる．

典型的なプロセスは，プロセッサを使う演算処理をしばらく継続した後，入出力待ちでブロックする，という動作を繰り返す．前者の時間を **CPU バースト**（CPU burst），後者の時間を **I/O バースト**（I/O burst）と呼ぶ．さらに，CPU バーストが長い（ブロックの頻度が低い），演算処理が主体のプロセスを **CPU バウンド**（CPU bound）なプロセス，CPU バーストが短い（ブロックの頻度が高い），入出力処理が主体のプロセスを **I/O バウンド**（I/O bound）なプロセスと呼ぶ．

プロセッサと入出力デバイスは並列に動作できるため，あるプロセスの CPU バーストとほかのプロセスの I/O バーストを並行して行うようにスケジューリングすることで，システムを効率よく動作させることができる．

以下，いくつかの重要なスケジューリングアルゴリズムについて説明する．

## (1) 到着順スケジューリング

到着順スケジューリング（first come, first served scheduling; **FCFS**）はバッチ処理のためのスケジューリングアルゴリズムである．プロセスはシステムに到着した順（ユーザが実行を指示した順）に処理される．プリエンプションは行わない．

この方式は単一のキュー（queue, 待ち行列）[*26]を用いて実装できる．このキューをレディキュー（ready queue）（あるいはランキュー（run queue））と呼ぶ．レディキューには実行可能状態にあるプロセスを格納する（すなわち，ブロック中のプロセスは含まれない）．

システムに到着したプロセスはキューの最後に追加される．スケジューラはキューの先頭のプロセスを取り出し，実行する．そのプロセスが終了あるいはブロックしたら，スケジューラはキューの先頭から次のプロセスを取り出し，実行する．実行中にブロックしたプロセスは，ブロックが終了したら（ウェイクアップされたら）キューの最後に再度追加する．

この方式は実装が単純という利点があるが，キューの先頭から順番に実行するため，処理時間の長いプロセスが処理時間の短いプロセスの実行を妨げてしまうという問題がある[*27]．例えば，プログラム A，B，C があって，実行に要する時間がそれぞれ 1 秒，5 秒，10 秒とする．これらのプログラムは実行中にブロックしないものとする．ある時刻に A，B，C の順に到着した場合，A，B，C のターンアラウンドタイムはそれぞれ 1 秒，6 秒，16 秒となるが，C，B，A の順に到着した場合は 10 秒，15 秒，16 秒となってしまう．

## (2) 最短ジョブ優先スケジューリング

最短ジョブ優先スケジューリング（shortest job first scheduling; **SJF**）もバッチ処理のためのスケジューリングアルゴリズムである．SJF では，レディキュー内のプロセスの中で，次の CPU バーストが最も短いプロセスを実行する．プリエンプションは行わない．

この方式は平均ターンアラウンド時間が最短となることが知られている．ただし，次の CPU バーストを知ることは（一般的に）不可能であるため，過去の CPU

---

[*26] 先に入れたものが先に取り出せるデータ構造．first-in, first out から **FIFO** ともいう．
[*27] このため，応答時間が重視されるタイムシェアリングシステムには適さない．

バーストから次の CPU バーストを予測する近似方式が使われる.

SJF は,飢餓状態を引き起こす可能性がある.**飢餓状態**(starvation)とは,プロセスにプロセッサが永遠に割り当てられない状態をいう.SJF において飢餓状態は,レディキュー内のプロセスよりも CPU バーストが短いプロセスが到着し続けることによって発生する.なお,FCFS では飢餓状態は発生しない.

**(3) ラウンドロビンスケジューリング**

ラウンドロビンスケジューリング(round robin scheduling; **RR**)は,FCFS にプリエンプションを取り入れたものである.タイムシェアリングシステムで使用された.

RR では,プロセスは FCFS と同じ順序でキューに追加されるが,実行を開始したプロセスはタイムスライス時間が経過するとプリエンプションされ,キューの最後に追加される.これによって,処理時間が短いプロセスのターンアラウンドタイムが改善される.

FCFS の例を使って RR のターンアラウンドタイムを計算してみよう.タイムスライスが 1 秒,プリエンプションのオーバヘッドは 0 とし,プロセスが C,B,A の順で到着した場合,プロセスは 1 秒ごとに次の順でディスパッチされる.

C,B,A,C,B,C,B,C,B,C,B,C,C,C,C,C

このとき,A,B,C のターンアラウンドタイムはそれぞれ 3 秒,11 秒,16 秒となり,FCFS に比べて改善されることがわかる.

一方,RR には,I/O バウンドなプロセスは CPU バウンドなプロセスよりもプロセッサの割当てが短くなるという不公平性がある.これは,I/O バウンドなプロセスは,タイムスライスを使い切る前に入出力を実行してブロックすることが多いが,ブロックが終了すると,プロセスはタイムスライスを使い切っていなかったにもかかわらず,(タイムスライスを使い切ったプロセスと同じように)キューの最後尾に追加されるためである.

**(4) 優先度順スケジューリング**

**優先度順スケジューリング**(priority scheduling)は,各プロセスがもつ**優先度**(priority)が最も高いプロセスにプロセッサを割り当てる方式である.バッチ処理・対話型システムの両方で使われる.優先度には一定範囲の整数値が使用され

る[28].

優先度スケジューリングは，実行中のプロセスより高い優先度のプロセスが実行可能となった場合に，高優先度のプロセスにプリエンプションを行うプリエンプティブ優先度スケジューリング（priority preemptive scheduling）と，行わないノンプリエンプティブ優先度スケジューリング（priority non-preemptive scheduling）に細分される．対話型システムでは前者が使われる．

同一優先度に複数のプロセスが存在する場合，それらの間では FCFS や RR などによってスケジューリングを行う（優先度によって異なるアルゴリズムを使用する場合もある）．

この方式は，優先度ごとに別々のレディキューを設けることで実現される．スケジューラは，優先度が最も高いプロセスにプロセッサを割り当てる．

この方式では，優先して実行すべきプロセスをユーザが制御することができる．例えば，ゲームやマルチメディア処理などのリアルタイム性が必要とされるプロセスに高い優先度を割り当て，通常の対話的処理（テキストエディタなど）にはそれより低い優先度を，バックグラウンド処理（プリンタスプーラやバックアッププログラムなど）にはさらに低い優先度を割り当てるようにする．

この方式も，高優先度のプロセスが存在し続けると低優先度のプロセスは飢餓状態になる可能性がある．対策として，プロセッサが長時間割り当てられていないプロセスの優先度を定期的に上げるエイジング（aging）と呼ばれる方法がある．

**(5) 多段フィードバックキュースケジューリング**

優先度スケジューリングにおいて，優先度を可変にしたものが多段フィードバックキュースケジューリング（multilevel feedback queue scheduling）である．この方式では，プロセスが消費したプロセッサ時間などにもとづいて優先度が変化する（プロセスの挙動が優先度にフィードバックされる）．

多段フィードバックキューの基本的な動作を次に示す（図 **3.2**）．

i)　新しく到着したプロセスは最上位のキューの最後尾に追加する．
ii)　スケジューラは，空ではない最も上位のキューの先頭のプロセスにプロセッサをディスパッチする．
iii)　実行中のプロセスがタイムスライスを使い切った場合はプリエンプション

---

[28] OS によって，値が大きいほうを高優先度とする場合と，反対の場合がある．

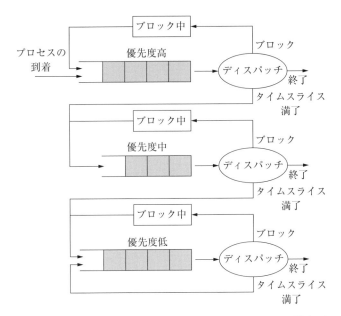

図 **3.2** 多段フィードバックキュースケジューリングの模式図

し，そのプロセスは 1 つ下のレベルのキュー（すでに最下位レベルの場合は最下位のキュー）の最後尾に追加する[29].

iv) 実行中のプロセスがブロックした場合はキューから取り除く．ブロックが終了したら同一レベルのキューの最後尾に追加する．

v) 現在実行中のレベルよりも高いレベルにプロセスが到着した場合はプリエンプションが発生する．

多段フィードバックキュースケジューリングでは，実行開始直後のプロセスには優先してプロセッサが割り当てられるが，プロセスの実行が長時間になるにつれて優先度が次第に下がり，他の高優先度のプロセスが優先される．結果として短時間で実行が完了するプロセスが優先して実行されるため，SJF の近似となっている．また，プロセッサをあまり使用しない対話的プロセスや I/O バウンドな

........................................

[29] バリエーションとして，タイムスライスを使い切った場合には優先度を変化させず，かわりに使用したプロセッサ時間などにもとづいてプロセスの優先度を定期的に再計算する方法もある．

プロセスの優先度は下がりにくい.

　この方式でも,優先度が低いキューにあるプロセスは飢餓状態となることがあり,対策としてエイジングが用いられる.

　現在,主流の OS の多く(Unix 系 OS,Windows NT 系列を含む)では,この方式にもとづくスケジューラが使用されている.

(6) フェアシェアスケジューリング

　RR や多重フィードバックキュースケジューリングをタイムシェアリングシステムで使用する場合,ユーザ間で割り当てられるプロセッサ時間が公平ではないという欠点がある.例えば,CPU バウンドなプロセスを 9 個動かしているユーザ A と,1 個しか動かしていないユーザ B がいる場合,プロセッサ時間の 9 割はユーザ A のプロセスの実行に使われ,ユーザ B のプロセスの実行には 1 割しか使用されないことになる.

　フェアシェアスケジューリング(fair share scheduling)は,プロセス単位ではなくユーザやグループ単位でプロセッサ時間を配分することでこの問題を解決する.

　この方式では,まず各ユーザに対してプロセッサ時間を均等に配分し,次にユーザごとに配分されたプロセッサ時間を,各ユーザのプロセスに均等に配分する.例えば,システムに 4 人のユーザがいて,それぞれが 1 つ以上のプロセスを実行する場合,まず各ユーザに対してプロセッサ時間の 25%が配分され,各ユーザのプロセスには 25%がさらに細分されて与えられる.

　配分は階層的に行うこともできる.例えば,ユーザが複数のグループに分かれているとき,まず各グループに対して均等にプロセッサ時間を配分し,次に各グループの中で均等にユーザにプロセッサ時間を配分する.

　この方式は,プリエンプティブ優先度スケジューリングを使い,直近の各プロセスが使用したプロセッサ時間をユーザごとに集計した値によって,定期的に優先度を調整することで実現できる(ユーザに均等に配分する場合).使用したプロセッサ時間が多すぎるユーザのプロセスは優先度が下がり,少なすぎるユーザのプロセスは優先度が上がるようにする.

　Linux では以前は多段フィードバックキュースケジューリングを採用していたが,バージョン 2.6.23 からフェアシェアスケジューリングを採用している.

### 3. マルチスレッドの実現

マルチスレッドの実現方法—どのようにして 1 プロセス内で複数の（ユーザ）スレッドを動作させるのか—にはいくつかの方式があるが，現代の OS ではそれぞれのユーザスレッドに対し，カーネルが管理するスレッド（カーネルスレッド，あるいは **LWP**（light weight process）などという）を対応させる，**1 対 1 モデル**（one-to-one model）が一般的である[30]．以下では 1 対 1 モデルを前提とする．

1 対 1 モデルでは，カーネルのスケジューラがスレッドを直接スケジューリングする．すべてのスレッドはシステムコールを同時に（並行に）実行できるため，複数のスレッドが同時に入出力を実行し，個々にブロックできる[31]．また，1 対 1 モデルでは，マルチプロセッサシステムではプロセス内の複数のスレッドを真に同時に（すなわち並列に）実行できる．

スレッドの生成はシステムコールによって行う（例えば Linux では clone システムコールを使用する）．スレッドが生成されると，カーネルは個々のスレッドに対して，カーネル内にスレッド制御ブロック（thread control block; **TCB**）と呼ばれるデータ構造を割り当てる．TCB にはおおむね以下の情報が含まれる[32]．

- 個々のスレッドを識別するための整数値（スレッド **ID**（thread ID））
- このスレッドが所属するプロセスの PCB へのポインタ
- スレッドの状態（3.1 節 9. 参照）
- 実行中のプロセッサの番号（マルチプロセッサシステムのみ）
- スケジューリングのための情報（スケジューリングアルゴリズム，優先度，いままでの実行時間など）
- スレッドが使用するカーネルスタック（スレッド制御ブロックの外に確保する場合もある）

...............................................

[30] ほかのモデルとして，すべてのユーザスレッドを 1 つのカーネルスレッドで実行する**多対1 モデル**（many-to-one model）と，複数のユーザスレッドを少数のカーネルスレッドで実行する**多対多モデル**（many-to-many model）がある．前者はカーネルを経由することなくスレッド間のコンテキストスイッチを行えるため高速だが，複数のシステムコールを同時に実行できないという欠点がある．後者はシステムコールを複数同時に実行できるが，プロセス内のスレッドスケジューラとカーネルのスケジューラが協調して動作する必要があり（このため **2 レベルスレッド**ともいう），実装が複雑となるという欠点がある．

[31] カーネルスタックはスレッドごとに必要である．

[32] カーネルがマルチスレッドをサポートしない場合，これらの情報は PCB に含まれる．

## 4. マルチプロセッサシステムにおけるスケジューリング

マルチプロセッサシステムでは，複数のスレッドを同時に（並列に）実行することができるが，このために，スケジューラはそれぞれのプロセッサごとにどのスレッドを実行するかを決める必要がある．

単純な方法として，スケジューリングのためのデータ構造（レディキュー）をカーネル内に1つだけ保持し，すべてのプロセッサで共有する方法がある．各プロセッサは，実行中のスレッドがコンテキストスイッチする契機でそれぞれスケジューラを実行する．スケジューラは共有しているレディキューを参照し，次に実行するスレッドを決定する（このとき，複数のプロセッサが同時にレディキューにアクセスすることを防ぐために，排他制御（3.3節参照）する必要がある）．

この方法は単純でわかりやすいが，プロセッサ間の違いを考慮していないという欠点がある．

マルチプロセッサシステムの各プロセッサ（あるいはプロセッサコア）は，スレッド（あるいはプロセス）から見ると必ずしも同じではない．例えば，プロセッサがあるスレッドTを実行すると，Tがアクセスしたメモリの内容がプロセッサのキャッシュメモリに蓄えられる．また，プロセッサのTLB（4.3節1.参照）には使用したページテーブルエントリがキャッシュされる．このため，Tを実行した後，短時間の間に再度Tを実行するならば同じプロセッサで実行するほうがよい．

このため，スレッド（あるいはプロセス）と，実行するプロセッサとを対応付けることが行われる．これを**プロセッサ親和性**（processor affinity）という．

プロセッサ親和性を実現する1つの方式として，プロセッサごとに独立したレディキューを設ける方式がある．スレッドが生成されると，特定のプロセッサに割り当てられ，そのプロセッサのレディキューに登録される．プロセッサは自身のレディキューを参照してスケジューリングを行う[33]．

ただし，この方式はプロセッサ間の負荷に不均衡が生じる問題がある（あるプロセッサは複数のスレッドをレディキューに抱えている一方，他のプロセッサは実行するスレッドがない状態となる）．このため，定期的，あるいはレディキューにスレッドがない場合に，プロセッサのレディキュー間でスレッドを移動するこ

----

[33] さらにNUMA（2.2節5.参照）では物理アドレスの範囲によってプロセッサからのアクセス速度が異なるため，OSはこれを意識した物理メモリとプロセッサの割当てを行う．

とが行われる．しかし，この処理はプロセッサ親和性を損なうため，どのような基準でプロセッサを切りかえるかは悩ましい問題であり，OS ごとにさまざまな実装がある．

## 5. コンテキストスイッチの実現

コンテキストスイッチには，自発的コンテキストスイッチ（voluntary context switch）と，非自発的コンテキストスイッチ（involuntary context switch）がある．

- 自発的コンテキストスイッチ：スレッドが何らかの事象を待つシステムコールを実行することで発生するコンテキストスイッチである．
- 非自発的コンテキストスイッチ：プリエンプションによって発生するコンテキストスイッチである．各スレッドは，TCB などにタイムスライスの値で初期化された残り実行時間の値を保持していて，カーネルはタイマ割込み（2.4 節参照）のたびに実行中のスレッドの残り実行時間からタイマ周期を減算する．これが 0 以下になるとプリエンプションが発生し，コンテキストスイッチが実行される．

いずれの場合でも，コンテキストスイッチはカーネル内で発生する．コンテキストスイッチの際はスケジューラを呼び出し，次に実行するスレッドを決定する．

コンテキストスイッチの具体的な処理内容はプロセッサに深く依存するが，基本的には次のようにスタックとレジスタを切りかえることで実現される．

以下，スレッド $T_1$ の実行を中断し，スレッド $T_2$ にコンテキストスイッチする場合を想定する．また，コンテキストスイッチを実行するカーネル内の関数を context_switch() とする．なお，$T_2$ は以前に context_switch() を呼び出して実行が中断されているものとする．

context_switch() は，現在のスタックポインタの値を $T_1$ の TCB に保存し[34]，$T_2$ の TCB に記録されているスタックポインタの値を復元する（スタックポインタを書き換える）．これによってスタックポインタは以前に $T_2$ が context_switch() を呼び出した時点におけるスタックフレームのトップを指すことになる．

この後，context_switch() からリターンすると，$T_2$ のスタックから戻り番地を

---

[34] この時点では $T_1$ のカーネルスタックを使っていることに注意すること．

取得するため (2.2 節 2. 項参照)，$T_2$ が context_switch() を呼び出した関数の中に戻ることになる．このようにしてコンテキストスイッチを行うことができる[35]．

そのほか，コンテキストスイッチでは次の処理も行う必要がある．

- 仮想記憶を用いるシステムでは，$T_1$ と $T_2$ のプロセスが異なる場合（すなわち，プロセス間のコンテキストスイッチの場合），$T_2$ の仮想アドレス空間に切りかえる．また，必要な場合は TLB フラッシュを行う（4.3 節 1. 参照）．
- $T_1$ がプリエンプションされた場合は，$T_1$ の状態を実行中から実行可能に変更する．また，$T_1$ がブロックする場合は，ブロックに変更する．
- $T_2$ の状態を実行可能から実行中に変更する．
- 現在のプロセッサが実行中のスレッドへのポインタを，$T_2$ の TCB を指すように更新する．
- プロセス間のコンテキストスイッチの場合，現在のプロセッサが実行中のプロセスへのポインタを $T_2$ が属するプロセスの PCB を指すように更新する．

## 3.3　排他制御と同期

同一プロセス内の複数のスレッドは協調して動作する必要がある．また，異なるプロセス間でも協調動作を行いたい場合は多い．

しかし，以下で述べるように，複数のスレッドが同じデータに並行してアクセスするとデータの整合性が失われる可能性がある．このため，複数のスレッドが並行に同じデータにアクセスしないようにするしくみが必要となる．これを排他制御（mutual exclusion）という．

また，スレッドは別のスレッドが何らかの処理を終えることを待ち合わせたい場合も多い．これを同期（synchronization）と呼ぶ．この節では，これらの方法について説明する．

----

[35] 呼出し規約と context_switch() 内部の機械語によっては，スタックポインタ以外のレジスタも保存・復元する必要がある場合もある．

## 1. 排他制御と競合状態

マルチスレッドプログラムでは，同一プロセス内の複数のスレッドが同一のアドレス空間を共有する．ここで，複数のスレッドが同一のデータに並行してアクセスする場合を考えよう．いま，以下のプログラムでスレッド $T_1$ と $T_2$ が並行して count_up 関数を実行するものとする．

```
1  int s = 0;
2  void count_up() {
3    s++;
4  }
```

さて，変数 $s$ のインクリメント（1 を加算すること）処理は，機械語では以下のように複数の命令で実行される．

i)   メモリから $s$ の値をレジスタにロードする（メモリから読み込む）．

ii)  レジスタをインクリメントする．

iii) レジスタの値を $s$ にストアする（メモリへ書き込む）．

ここで，$s$ の初期値を 0 とし，シングルプロセッサシステムにおいて，スレッド $T_1$ とスレッド $T_2$ が次の順序で実行されたとする．コンテキストスイッチによってレジスタの値は保存・復元されることに注意すること．

① （$T_1$）メモリから $s$ の値（0）をレジスタにロード（レジスタ $= 0$）

② （$T_1$）レジスタをインクリメント（レジスタ $= 1$）

（$T_1$ から $T_2$ へコンテキストスイッチ）

③ （$T_2$）メモリから $s$ の値（0）をレジスタにロード（レジスタ $= 0$）

④ （$T_2$）レジスタをインクリメント（レジスタ $= 1$）

⑤ （$T_2$）レジスタの値を $s$ にストア（格約）（$s = 1$）

（$T_2$ から $T_1$ へコンテキストスイッチ）

⑥ （$T_1$）レジスタの値を $s$ にストア（$s = 1$）

この場合，$s = 0$ の状態からインクリメントを 2 回実行したにもかかわらず，最終的な $s$ の値は 1 となってしまった．このように，プログラムの実行結果がスレッドの実行順序やタイミングに依存することを**競合状態**（race condition）という．

また，この例のように，複数のスレッドを並行して実行すると整合性が失われ

る可能性があるプログラムの部分を**危険領域**（critical section），あるいはきわどい領域，クリティカルセクションなどという．

競合状態を回避するための基本的な考え方は，あるスレッドが危険領域を実行している間は，他のスレッドが危険領域を実行できないようにするというものである．このような処理が排他制御である．危険領域を排他制御することにより，共有資源の整合性を維持することができる．

## 2. 排他制御の実現

上記のとおり，排他制御では，あるスレッドが危険領域を実行中は，ほかのスレッドが危険領域に進入できないようにする．このために，危険領域の直前と直後に特定の手続きを実行する．ここでは，直前の手続を ENTER，直後の手続きを LEAVE とする．

```
1  危険領域以外の処理;
2  ENTER;
3  危険領域;
4  LEAVE;
5  危険領域以外の処理;
```

ENTER は，ほかに危険領域を実行しているスレッドが存在しないときは即座に終了し，存在するときはそのスレッドが危険領域を出るまでブロックする．スレッドが ENTER を通過した場合，ほかに危険領域を実行しているスレッドは存在しないことが保証され，スレッドは危険領域を安全に実行できる．

LEAVE はスレッドが危険領域から出たことを通知する．これによって，ほかのスレッドが危険領域に進入できるようになる．

さて，ENTER と LEAVE は以下のようなコードで実現できそうに思えるかもしれない[36]．

```
1  /* C言語 */
2  volatile int lock = 0; // 非 0ならば危険領域を実行中のスレッドが存在する
3  void ENTER() {
4    while (lock != 0) {} // 危険領域を実行中のスレッドが存在する間,待機する
```

----

[36] コンパイラは while ループ中で lock の値が変化しないと判断し，ループ中で毎回 lock の値をメモリから読み込まない最適化を行う可能性がある．volatile 宣言はこのような最適化を抑制する．

```
5      lock = 1;
6    }
7    void LEAVE() {
8      lock = 0;
9    }
```

しかし，この方法はうまくいかない．`lock=0` のときに，スレッド $T_1$ と $T_2$ が相次いで ENTER を実行したとしよう（ここではシングルプロセッサシステムを想定する）．$T_1$ が `lock=0` と判定して while 文から脱出し，`lock=1` を実行する直前に $T_2$ にコンテキストスイッチすると，$T_2$ も同様に `lock=0` と判定し，while 文から脱出する．こうなると，$T_1$ と $T_2$ が同時に危険領域に進入してしまう．

この問題は，lock の値の参照と lock への代入を不可分（atomic）に，すなわち，途中でほかのスレッドに割り込まれることなく実行できれば解決できる．

**(1) 割込み禁止による実現**

シングルプロセッサシステムでは，lock 変数の参照と代入を不可分に行うために，割込みを一時的に禁止するという方法が使用できる．割込み禁止の間はタイマ割込みが抑制されるため，プリエンプションが発生しない．なお，割込みの禁止や許可を行う機械語命令は特権モードでしか実行できないため，この方法はカーネル内でしか使用できない．この方法を用いたコードを以下に示す．

```
1    void ENTER() {
2      割込み禁止;
3      while (lock != 0) {
4        /* 長時間割込みを禁止するとハードウェア割込みを取りこぼすおそれがあるため，いったん
                              割込みを許可する．*/
5        割込み許可;
6        割込み禁止;
7      }
8      lock = 1;
9      割込み許可;
10   }
```

ここで，`lock=0` を判定してから lock への代入までの間，割込みが禁止されていることが重要である．

しかし，この方法はマルチプロセッサシステムでは使用できない．なぜなら，すべてのプロセッサで同時に割込み禁止にすることは困難であり，また割込みを禁止できたとしても，異なるプロセッサから同時に lock 変数にアクセスすることは

可能であるためである.

**(2) アトミック命令による実現**

　今日のプロセッサは,排他制御のために,アトミック命令 (atomic instruction) と呼ばれる一連の操作をマルチプロセッサシステムでも不可分に行うことができる特別な機械語命令を備えている.

　アトミック命令の代表的なものに,**CAS 命令** (compare and swap),**TAS 命令** (test and set),**LL/SC 命令** (load-link/store conditional) がある.ここでは CAS 命令について説明する[37].

　CAS 命令は 3 オペランドの命令で,指定されたメモリアドレスの内容と指定された値 1 を比較し (compare),等しければ指定された値 2 に書き換える (swap).これらの操作は不可分に行われる.以下はこれを C 言語風に表したものである.

```
1  /* この関数の処理は実際には不可分に実行される. */
2  boolean cas(int *ptr, int old, int new) {
3    if (*ptr != old) { // compare
4      return false; // 失敗
5    }
6    *ptr = new; // swap
7    return true; // 成功
8  }
```

CAS 命令を使うと,ENTER と LEAVE は以下のように実現できる.

```
1  void ENTER() {
2    while (not cas(&lock, 0, 1)) {} // CAS 操作に成功するまで繰り返す.
3  }
4  void LEAVE() {
5    cas(&lock, 1, 0);
6  }
```

　CAS 命令は不可分に実行されるため,複数のスレッドが並列に ENTER を実行しようとしても,その中の 1 つのスレッドだけが lock=1 にできる(ほかのスレッドは lock=1 になった後の lock を得て CAS に失敗する).

　上のコードでは CAS に失敗するとすぐにリトライしているが[38],シングルプ

---

[37] 実際の機械語命令はプロセッサによって異なる.例えば,x86/x64 アーキテクチャでは CAS 命令に相当するのは XCHG 命令である.

[38] アトミック命令を繰り返し実行して排他制御を行うことをスピンロック (spin lock) という.

ロセッサシステムでは，危険領域を実行中のスレッドにプロセッサが割り当てられない限り CAS に成功することはないため，以下のように CAS に失敗した場合はほかのスレッドにプロセッサを譲る（yield する）[39].

```
1   // シングルプロセッサの場合
2   void ENTER() {
3       while (not cas(&lock, 0, 1)) yield(); // プロセッサをほかのスレッドに譲る.
4   }
```

### 3. セマフォ

上記の排他制御の方法は低レベルすぎて一般のアプリケーションプログラムからは利用しにくい．このため，OS は一般のアプリケーションプログラムのために，より抽象化された排他制御機構を提供する．

セマフォ（semaphore）は，Edsger Dijkstra（エドガー・ダイクストラ）によって提案された，複数のスレッド間で共有資源に対するアクセス制御を行うための機構である．排他制御にも同期にも使用できる．

セマフォは，利用可能な資源の数を表す整数と，資源を求めて待機しているスレッドを並べておくための待機キューから構成される．また，wait と signal と呼ばれる操作をもつ[40].

- wait：セマフォの値を-1 する．その結果，値が負になったら wait を実行したスレッドを待機キューに追加し，ブロックする．値が 0 以上ならば wait はブロックせずに終了する．
- signal：セマフォの値を+1 する．増やす前の値が負ならば，待機キューから wait 中のスレッドを 1 つ取り出し，ウェイクアップする．増やす前の値が 0 以上ならば特に何もしない．

wait と signal の各処理は不可分に実行される（これが重要である）．値が 0 か 1

........................................

[39] マルチプロセッサの場合でも，危険領域を実行中のスレッドがほかのプロセッサで実行されている場合は CAS を繰り返し，そうでない場合は yield する最適化が知られている．

[40] wait は down あるいは P，signal は up あるいは V と呼ばれることもある（P と V はオランダ語の語源の頭文字に由来）．

しかとらないセマフォ[41]を用いると，単純な排他制御は次のように記述できる．

```
1  /* オブジェクト指向言語による記述. */
2  Semaphore sem = new Semaphore(1); /* 値が 1のセマフォを作成 */
3  int s = 0;
4  void count_up() {
5    sem.wait();
6    s++;
7    sem.signal();
8  }
```

次に，セマフォを用いた同期の例として，**生産者／消費者問題**（producer-consumer problem）の解法を示す．

生産者／消費者問題とは，並列プログラミングにおける古典的な問題の1つである．生産者と消費者はそれぞれ別々のスレッドで動作し，両者で共有する固定長のバッファ（配列）を介してデータをやり取りする．生産者はひたすらバッファにデータを書き込み，消費者はひたすらバッファからデータを取り出すが，生産者はバッファが一杯になったら消費者がバッファからデータを取り出すまで待つ必要があり，また消費者はバッファが空になったら生産者がバッファにデータを書き込むまで待つ必要がある．このように，生産者と消費者は互いに同期をとる必要があるが，これをプログラム上でどのように実現するかという問題である．

セマフォを用いた生産者／消費者問題のプログラム例を以下に示す．

```
1  N = 10; // バッファのサイズ
2  int buf[N]; // バッファ
3  Semaphore lock = new Semaphore(1); // バッファを排他制御するため.
4  Semaphore full = new Semaphore(0); // バッファ中のデータ数
5  Semaphore empty = new Semaphore(N); // バッファの空きの数
6  void producer() { // 生産者スレッド
7    while (true) {
8      empty.wait(); // バッファが空くのを待つ.
9      lock.wait(); // バッファの排他制御
10     バッファにデータを書き込む;
11     lock.signal();
12     full.signal(); // バッファ中のデータ数を +1
13   }
14 }
15 void consumer() { // 消費者スレッド
16   while (true) {
```

[41] このようなセマフォはバイナリセマフォといい，それ以外のセマフォはカウンティングセマフォという．

```
17    full.wait(); // データが書き込まれるのを待つ.
18    lock.wait(); // バッファの排他制御
19    バッファからデータを取り出す;
20    lock.signal();
21    empty.signal(); // バッファの空きの数を+1
22    }
23  }
```

このプログラムでは 3 つのセマフォを使っている．このうち，lock はバッファへのアクセスを排他制御するためのバイナリセマフォである．

empty はバッファの空きの数を保持するセマフォである．生産者がデータを追加するにはバッファの空きが必要なため，生産者は empty.wait() で empty の値を-1 する．この値が負のときはバッファに空きがないため，生産者はブロックする．一方，消費者はデータを消費するとバッファに空きができるため，empty.signal() で empty の値を+1 する．これによってブロックしていた生産者が存在する場合はウェイクアップされる．full はバッファ中に存在するデータ数を表すセマフォであるが，考え方は empty と同様である．

シングルプロセッサシステム上でこのプログラムを実行すると，プリエンプションがなければ，生産者はバッファの空きがなくなるまで書き込んでブロックし，次に消費者がバッファが空になるまで取り出してブロックし，…，を繰り返す．

セマフォは強力な機構であるが，以下のような欠点がある．

- 排他制御にも同期にも使用できるため，個々のプログラムを見て，セマフォがどのように使われているのかを把握することが難しい．また，wait 操作と signal 操作が 1 対 1 に対応しないため，プログラムのバグを生みやすい．
- 所有権の概念がないため，**再帰的ロック**（recursive lock，ロックを保持しているスレッドがロックを保持したまま再度ロックを獲得すること）ができない．
- **優先度逆転**（priority inversion，優先度が低いスレッドがロックを獲得している状態でプリエンプションされると，そのロックを獲得しようとしている優先度が高いスレッドの実行が妨げられる現象）に対処できない．

## 4. mutex と条件変数

**mutex**（ミューテックス）は排他制御のための機構の 1 つである（mutual exclusion

に由来する). mutex にはロック操作 (lock) とアンロック操作 (unlock) があり, それぞれ ENTER, LEAVE に対応する. mutex はバイナリセマフォと似ているが, mutex ではロックに成功したスレッド (ロックの所有者) だけがアンロックを実行できる点が異なる.

また, mutex では優先度逆転問題を回避できる. 方法として, mutex をロックする可能性があるスレッドの最大優先度をそれぞれの mutex に設定しておき ($c$ とする), mutex をロックしたスレッドの優先度を一時的に $c$ に上げる方法 (**優先度上限プロトコル** (priority ceiling protocol)) や, 低優先度のスレッドがロックしている mutex を高優先度のスレッドがロックしようとしたときに, ロックを保持しているスレッドの優先度をロックしようとしているスレッドの優先度に一時的に上げる方法 (**優先度継承プロトコル** (priority inheritance protocol)) などがある.

mutex は排他制御に特化した機構であり, 同期のためには**条件変数** (condition variable) という別の機構を併用する.

概念的には, 条件変数はスレッドの待機キューを抽象化したものである. スレッドは, 先に進むための条件 ($P$ とする) が満たされない場合, 自身を待機キューに登録してブロックする. ほかのスレッドは, 待機キューでブロック中のスレッドが先に進めるような処理を行ったら (すなわち, $P$ を満たすような処理を行ったら), 待機キュー内のスレッドを起こす (ウェイクアップする).

mutex と条件変数は以下のように使用する. ここで, mut は待機する側と起こす側が共有するデータを排他制御するための mutex である.

```
1  Mutex mut = new Mutex();
2  Condition cv = new Condition();
```

```
1  // 待機する側の処理
2  mut.lock();
3  while (not P) {
4    cv.wait(mut);
5  }
6  条件が満たされた後の処理;
7  mut.unlock();
```

```
1  // 起こす側の処理
2  mut.lock();
3  P が真となるような処理を行う.
4  cv.signal(); // あるいは cv.broadcast()
5  mut.unlock();
```

条件変数には次の操作がある.

- wait：指定されたmutexをアンロックし，さらに呼出しスレッドを待機キューに追加してブロックさせる．これらの処理は不可分に行われる．
- signal：待機キュー内のスレッドを1つ削除し，ウェイクアップする（待機キュー内にスレッドがなければ何もしない）．ウェイクアップされたスレッド（waitの中でブロックしていた）は，mutexを再度ロックしてから，waitから復帰する（ほかのスレッドがmutexをロックしていた場合，待たされる可能性がある）．
- broadcast：signalと同様であるが，待機キュー内のスレッドをすべて削除し，ウェイクアップする点が異なる．

待機する側のスレッドは，条件 $P$ が満たされるまでwaitを実行する．ウェイクアップする側のスレッドは，$P$ が満たされるような変更を行ったらsignalあるいはbroadcastで通知する．これによって，待機側のスレッドはwaitから復帰し，再度 $P$ が満たされているかどうかを判定できる[42]．

mutexと条件変数を用いた生産者／消費者問題の解法を次に示す[43]．

```
1   N = 10; // バッファのサイズ
2   int buf[N]; // バッファ
3   int nitems = 0; /* バッファ内のデータ数 */
4   // 共有データ（バッファとnitems）を排他制御するための mutex
5   Mutex lock = new Mutex();
6   // バッファに空きがあることを通知するための条件変数
7   Condition not_full = new Condition();
8   // バッファが空ではないことを通知するための条件変数
9   Condition not_empty = new Condition();
10  void producer() { // 生産者
11    while (true) {
12      lock.lock(); // 排他制御
13      while (nitems == N) { // バッファに空きがない間…
14        not_full.wait(lock); // 空きができるまで待つ.
15      }
16      バッファにデータを書き込む;
17      nitems++;
18      not_empty.signal(); // バッファが空ではないことを条件変数で通知
19      lock.unlock();
20    }
```

........................................

[42] waitから復帰したスレッドが再度 $P$ の判定を行う必要があるのは，waitの中でmutexを再ロックしようとしている間に，別のスレッドが先にmutexをロックし，共有データを変更する可能性があるためである．

[43] このプログラムでは，2つの条件変数が1つのmutexを共有している．

```
21   }
22   void consumer() { // 消費者
23     while (true) {
24       lock.lock(); // 排他制御
25       while (nitems == 0) { // バッファが空の間…
26         not_empty.wait(lock); // 空ではなくなるまで待つ.
27       }
28       バッファからデータを取り出す;
29       nitems--;
30       not_full.signal(); // バッファに空きがあることを条件変数で通知
31       lock.unlock();
32     }
33   }
```

## 5. モニタ

セマフォや mutex を用いたプログラムでは，必要な排他制御を忘れたり，ロックの獲得と解放がマッチしないなどのバグが生じる可能性がある．排他制御にかかわるバグはたまにしか発生しない場合が多いため再現が難しく，見つけることが困難な場合も多い（排他制御を忘れていてもたいていの場合は正常に動く）．このため，プログラミング言語自体に排他制御を扱うための構文を設ける方法が提案された．これをモニタ（monitor）という．

モニタでは，排他制御すべきデータは特別なブロック（これもモニタと呼ばれる）の中で定義する．このデータは，同じくモニタの中で定義された関数でのみ扱うことができる．モニタ内の関数は互いに排他制御される．すなわち，あるスレッドがモニタ内の関数を実行中は，ほかのスレッドはモニタの関数は実行できない．また，スレッド間の同期のために，モニタ内で条件変数を定義できるようになっている．

モニタをサポートしている言語として Java がある．Java ではクラスがモニタ相当の機能をもつ．クラス内の関数（メソッド）を synchronized と宣言すると，そのメソッドは排他的に実行される．排他制御はインスタンスごとに行われる．すなわち，あるインスタンスで synchronized 宣言されたメソッドを実行できるスレッドは高々1つである．

また，条件変数の機能は，すべてのクラスのベースクラスである Object クラスに組み込まれている．Object クラスの wait メソッドが条件変数の wait，notify メソッドが signal，notifyAll メソッドが broadcast に相当する．

Javaによる生産者／消費者問題の解法の例を以下に示す[44].

```
 1  public class ProducerConsumer {
 2    final int N = 10;
 3    int[] buf = new int[N];
 4    int nitems = 0;
 5    synchronized void producer() {
 6      while (true) {
 7        while (nitems == N) { // バッファに空きがない間…
 8          try {
 9            this.wait(); // このインスタンスの条件変数で待つ.
10          } catch (InterruptedException e) {}
11        }
12        バッファにデータを書き込む;
13        nitems++;
14        System.out.println("producer: " + nitems);
15        this.notify(); // バッファが空ではないことを条件変数で通知
16      }
17    }
18    synchronized void consumer() {
19      while (true) {
20        while (nitems == 0) { // バッファが空の間…
21          try {
22            this.wait(); // このインスタンスの条件変数で待つ.
23          } catch (InterruptedException e) {}
24        }
25        バッファからデータを取り出す;
26        nitems--;
27        System.out.println("consumer: " + nitems);
28        this.notify(); // バッファに空きがあることを条件変数で通知
29      }
30    }
31    public static void main(String[] args) throws InterruptedException {
32      ProducerConsumer instance = new ProducerConsumer();
33      new Thread(() -> instance.producer()).start(); // 生産者スレッド開始
34      new Thread(() -> instance.consumer()).start(); // 消費者スレッド開始
35    }
36  }
```

## 6. デッドロック

複数のスレッドが互いに相手，あるいは自分自身の処理の完了を待って永久に進めない状態になることをデッドロック（deadlock）という．

......................................

[44] 3.3 節 4. 項の例ではバッファが空と一杯という 2 つの条件を 2 つの条件変数で扱っていたが，Java では条件変数はインスタンスに対して 1 つしかないため，2 つの条件を 1 つの条件変数で扱っている．

デッドロックは，複数の共有資源に複数のスレッドが同時にアクセスしようとする場合に発生する可能性がある．例として，2つの mutex $m_1$ と $m_2$ があり，スレッド $T_1$ と $T_2$ が次の順で mutex をロックする場合を考える．

```
1  // T1
2  m1.lock();
3  m2.lock();
4     :
5  m2.unlock();
6  m1.unlock();
```

```
1  // T2
2  m2.lock();
3  m1.lock();
4     :
5  m1.unlock();
6  m2.unlock();
```

いま $T_1$ が $m_1$ を lock し，$T_2$ が $m_2$ を lock したとする．$T_1$ は $T_2$ が $m_2$ を unlock するまで $m_1$ を unclock できず，また $T_2$ は $T_1$ が $m_1$ を unlock するまで $m_2$ を unlock できない．このため，どちらのスレッドも永久に進めない状態となる．

デッドロックは，以下の条件がすべて成り立つときに発生する[1]．

- 相互排他：資源の利用が相互排他的に行われる．あるスレッドが資源を利用している間，ほかのスレッドはその資源にアクセスできない．
- 保持と待機：スレッドが少なくとも1つの資源を保持し，さらに他のスレッドが保持している資源を要求しようとして待機している．
- 資源の横取りがない：資源は，それを保持しているスレッドが自発的に開放しない限り開放されない．
- 巡回待機：スレッド集合 $T_1, T_2, \ldots, T_n$ があって，$T_1$ は $T_2$ が保持する資源を待機し，$T_2$ は $T_3$ が保持する資源を待機し，$\cdots$，$T_n$ は $T_1$ が保持する資源を待機している．

デッドロックを回避するためには，上記4条件の最低1つを満たさないようにすればよい．例えば，各資源に一意の番号を付与しておき，複数の資源を必要とするスレッドは，必ず資源の番号順に獲得するようにすれば，巡回待機の条件は満たされなくなり，デッドロックを回避できる．

あるいは，資源を1つ以上保持しているスレッドが，さらにもう1つの資源を獲得しようとしたもののその資源がほかのスレッドによって獲得されていた場合，（そのまま待機するのではなく）保持している資源をいったん全部解放してから再度獲得し直すようにすれば，保持と待機の条件が満たされなくなり，デッドロックを回避できる．

# 3.4　プロセス間通信

　プロセス間で情報をやり取りすることをプロセス間通信（interprocess communications; **IPC**）という．プロセスどうしは隔離されているため，プロセス間で通信するためには OS の介在が必要である．このため，OS はいくつかのプロセス間通信機構を提供する．

　OS はネットワーク通信をサポートするため，TCP/IP などのネットワークプロトコルの実装（プロトコルスタック（protocol stack））を備えている．また，プロセスが容易にリモートプロセス間通信を扱えるように，プロセスに対してプロトコルの詳細を隠蔽した抽象化されたインタフェースを提供する．

　以下では，代表的なプロセス間通信機構を紹介する．

## 1.　パイプ

　パイプ（pipe）は同一コンピュータ上の 2 つのプロセス間でデータをやり取りするためのしくみである．1 つのパイプには送信側と受信側の 2 つの**端点**（endpoint）があり，片方のプロセスに送信側，もう片方のプロセスに受信側の端点を割り当てることで，送信側の端点に書き込んだデータ（バイト列）を受信側の端点から読み取ることができる．

　パイプの読み書きはシステムコールにより行う．OS はパイプに書き込まれたデータをカーネル内のメモリに一時的に保存（バッファリング）するが，生産者／消費者問題と同様，バッファが一杯の場合は空きができるまで書き込みシステムコールはブロックし，またバッファが空になったら空でなくなるまで読み込みシステムコールはブロックする[45]．

## 2.　メッセージキュー

　メッセージキュー（message queue）は，プロセス間でメッセージをやり取りするためのしくみである．ここでのメッセージとは，関連するプロセスにとって何らかの意味があるデータのかたまりである．メッセージキューでは，送信側プロセスが書き込んだメッセージを，書き込んだ順番に受信側プロセスで読むことが

---

[45] ブロックさせずにエラーとするように指定することもできる．

できる（FIFO）．メッセージキューから受信するためのシステムコールは，メッセージがない場合，到着するまでブロックする．

Windows のアプリケーションプログラムは，ウインドウの移動やクローズ，マウスクリックなどのイベントをメッセージキューを通じて受け取り，処理するようになっている．なお，このように，イベント受信を契機としてプログラムが実行されるプログラミングモデルはイベントドリブン（event driven）という．

### 3. 共有メモリ

共有メモリ（shared memory）は，複数のプロセスがメモリの一部を共有することで通信を行うプロセス間通信機構である．データをコピーする必要がない（書き込むだけで相手に見える）ため，高速である．

共有メモリは，複数のプロセス間で作業用のメモリ領域を共有するためなどに利用される．例えばデータベースサーバでは高速化のためにデータベースの一部をメモリ上に配置する場合があるが，これを共有メモリ上におくことで複数のプロセスで共用できるようになる．

プロセスから共有メモリを読み書きする処理は通常，危険領域となるので，共有メモリはセマフォや mutex などの排他制御機構とペアで使用する．

共有メモリの実現法は 4.5 節で述べる．

### 4. ソケット

ソケット（socket）は同一コンピュータ上の通信だけではなく，TCP/IP などのネットワーク通信も含むさまざまな通信を，統一されたインタフェースで扱うことができる API である[46]．基本的には C 言語でのインタフェースであるが，Java や Python など，多くのプログラミング言語はソケットと同等のインタフェースを標準で備えている．

ソケットのインタフェースは UNIX のファイル入出力のインタフェースをモデルとしている．例えば TCP（transmission control protocol）[47]でバイト列を相手

---

[46] BSD UNIX を起源とするため，**BSD** ソケットあるいは **Berkeley** ソケットとも呼ばれる．現在では他の Unix 系 OS や Windows でも採用され，通信のための API のデファクトスタンダード（事実上の標準）となっている．

[47] 相手と仮想的な通信路を確立し，信頼性の高い通信を行うプロトコル．

に送信する場合，プロセスはファイルに書き込むのと同じようにソケットにバイト列を書き込むだけでよい．バイト列はカーネル内の TCP プロトコルスタックに渡され，後の処理はプロトコルスタックが担当する．プロトコルスタックは，プロトコルにしたがってパケットを組み立て，ネットワークインタフェースからパケットを出力する．また，TCP では，パケットが届かなかった場合は再送したり，効率的に送信するために輻輳制御を行ったりするが，これらの処理もプロトコルスタックが行う．

# 演習問題

1. 条件変数の wait では，mutex のアンロック，待機キューへの追加，スレッドのブロックを不可分に行う．これが不可分に行われないとどのような不都合が生じるか．
2. 簡単な C 言語のプログラムを用意し，コンパイラが出力するアセンブリ言語のプログラムを眺めてみよ．

   なお，通常，コンパイルドライバは中間生成物であるアセンブリ言語のプログラムは削除してしまうが，オプションなどを指定することでアセンブリ言語のプログラムを出力することができる．方法はそれぞれの環境で異なるため，各自で調べてみること．
3. 以下の C 言語のプログラムをコンパイルして実行したときに表示される 4 つのアドレスは，それぞれテキスト領域，データ領域，BSS 領域，スタック領域のどの領域に含まれるか[48]．

```
 1  #include <stdio.h>
 2
 3  int global = 10;
 4  int not_init;
 5
 6  int main(int argc, char **argv) {
 7    int local = 20;
 8    printf(" &global=%p\n", &global);
 9    printf("&not_init=%p\n", &not_init);
10    printf(" &main=%p\n", &main);
11    printf(" &local=%p\n", &local);
12    return 0;
13  }
```

---

[48] 実際に実行してみるとよい．実行されるたびに表示されるアドレスが変化する場合，ASLR（第 4 章章末のコラム参照）機能が働いている．

# 第4章
# メモリ管理

プロセスを実行するには，プログラムやデータをメモリ上に載せる必要がある．特に複数のプロセスを同時に動作させるマルチタスク OS では，それぞれのプロセスにどのようにメモリを割り当てるかが重要な課題となる．

本章では OS のメモリ管理について説明する．また，プログラムのリンクを実行時に行う動的リンクなど，メモリ管理の応用についても説明する．

## 4.1　メモリ管理とは

アプリケーションプログラムを実行するには，補助記憶装置上に格納されている実行ファイル（3.1 節 3. 参照）からプログラム（機械語と使用するデータ）をメインメモリ（以下，単にメモリと書く）上に読み込み，さらに実行時に必要なスタックなどの領域を確保する必要がある．メモリ管理は，このためにメモリ上の領域を割り付ける仕事を行う．特に複数のプロセスが同時に動作するマルチタスク OS では，複数のプログラムを同時にメモリ上に配置し，プログラムの実行が終了すると，使用していた領域を開放するといった処理が必要となる．

また，ユーザプログラムはバグなどにより異常な動作を行う可能性がある．さらに，悪意あるプログラムはほかのプロセスの動作を妨害したり，情報を盗もうとするかもしれない．メモリ管理では，このような問題にも対処を行うことが求められる．

## 4.2 物理記憶ベースのメモリ管理

　初期のコンピュータでは，物理メモリ上にプログラムを直接ロードし，実行していた[※1]．このようなシステムでは，ユーザプロセス用に確保した物理アドレス空間上の（大きな）メモリ領域を区切って，各プロセスにメモリを割り当てる．

### 1. 固定区画方式

　固定区画方式（fixed partition allocation）は，物理アドレス空間をあらかじめいくつかの固定長の区画に分割し，1つをカーネル用の領域に，残りをアプリケーションプログラム用の領域（ユーザ領域）に割り当てる方法である．

　固定区画方式の中でも，アプリケーションプログラム用の区画が1つしかないものを**単一区画方式**（single partition allocation），複数あるものを**多重区画方式**（multiple partition allocation）という．前者はシングルタスクOSで，後者はマルチタスクOSで使用される[※2]．プロセスによって必要なメモリサイズはさまざまであるため，多重区画方式では一般的に複数のサイズの区画を用意し，実行するプロセスに適したサイズの区画を割り当てるようにする．ただし，そのためにはプロセスが必要なメモリサイズがあらかじめわかっている必要がある．

　多重区画方式では多くの場合，区画の内部に余り（未使用部分）ができるが，これらはメモリ上で飛びとびに存在するため，1つにまとめて有効に利用することができない．この状況を**内部断片化**（internal fragmentation）と呼ぶ．内部断片化は固定長の領域に可変長のデータを格納する場合に発生する問題であり，ファイルシステムなどでも発生する．関連する事象として次に述べる外部断片化があり，これらを総称して**断片化**（fragmentation）と呼ぶ．

　単一区画方式ではユーザプログラムは常に同じアドレスに配置される．このため，機械語プログラムで直接アドレスを指定してサブルーチン呼出しやデータ参照を行っても差し支えない（このアドレス指定方法を**絶対アドレス指定**（absolute addressing）という）．これに対し，多重区画方式では各区画のアドレスが異なる

---

[※1] この方式はいまでも組込みシステムなどで使われることがある．

[※2] シングルタスクOSである CP/M-80 では，単一区画方式が採用されている．CP/M-80 が動作対象とする 8080 プロセッサの物理アドレス空間は 64 KB（0x0〜0xFFFF）であるが，ユーザプログラム用にはアドレス0x100から54 KB程度の大きさの区画を使用する．

ため，プログラム内で絶対アドレスを用いると問題が生じる．この解決には，プログラムを再配置可能にする方法（3.1節3.参照）と，ハードウェアによる方法がある．

ハードウェアによる方法では，プロセッサからのすべてのメモリアクセスに対して，特別なレジスタ（一般にベースレジスタ（base register）と呼ばれる）の値を加算し，その結果をメモリの物理アドレスとする機構を必要とする．OSは実行するプロセスを切りかえるたびにベースレジスタの値を区画の先頭アドレスに設定する．これによって，ユーザプログラムは区画の実際のアドレスにかかわらず，0番地から区画が始まっているものとして動作できる．

## 2. 可変区画方式

可変区画方式（variable partition allocation）は，区画のサイズを可変とする方式である．この方式では，物理メモリ上の連続領域を細分化し，それぞれを使用中区画あるいは空き区画のいずれかとして管理する．

最初はユーザプログラム用に確保した物理メモリ上の領域を1つの大きな空き区画としておく．ユーザプログラムを実行するときは，いずれかの空き区画から必要なサイズの区画を切り出して使用中区画として割り当て，余りは小さな空き区画とする．ユーザプログラムの実行が終了したら，使用していた区画を空き区画に戻す．このとき，隣接する空き区画はマージ（併合）して大きな空き領域にする．

この方法では内部断片化は生じないが，かわりに外部断片化という事象が生じる．外部断片化（external fragmentation）とは，メモリの割当てと開放を繰り返すことで細かい空き区画が飛びとびに生じ，大きな区画を割り当てることができなくなる状況をいう．外部断片化は大きさが可変長の割当てを行う際に発生する．内部断片化も外部断片化も，メモリ利用効率を下げる原因となる．

可変区画方式のように，到着する要求にしたがって動的にメモリの確保と開放を行う処理は動的メモリ割当てと呼ばれる．このためのアルゴリズムは，4.2節5.で述べる．

## 3. メモリコンパクション

可変区画方式における外部断片化の問題を解決する方法の1つに，使用中のすべての区画を上位あるいは下位のアドレスに移動させ，断片化している空き領域を1つの大きな空き領域にまとめる**メモリコンパクション**（memory compaction）と呼ばれる技法がある．メモリコンパクションを行うと，例えば散らばった10 KB，20 KB，30 KBの空き領域をまとめて60 KBの空き領域にすることが可能である．

ただし，メモリコンパクションには以下の欠点がある．

i) 大量のメモリコピーを行うため時間を要し，その間プロセスを停止させる必要がある．

ii) （プロセスはポインタ変数などにアドレスを保持しているため）プロセスから見たアドレスが変化しないようにする必要があり，ベースレジスタによるハードウェアのサポートが必要となる．

後述の仮想記憶ではこのような問題がないため，メモリコンパクションは物理記憶ベースの限られた環境でのみ利用される．

## 4. スワッピング

マルチプログラミングやマルチタスク環境において，実行中のプロセスが長時間待ち状態にあるとき，そのプロセスが使用しているすべてのメモリを補助記憶装置に退避させ，空いたメモリを使ってほかのプロセスを実行すればプロセッサの利用率を向上させることができる．この技法を**スワッピング**（swapping）という．

スワッピングのために使われる補助記憶装置上の領域を**スワップ領域**（swap space）といい，また，プロセスをスワップ領域に退避する処理を**スワップアウト**（swap out），退避したプロセスをメモリ上に戻す処理を**スワップイン**（swap in）という．

スワップインあるいはスワップアウトするプロセスの決定は，OS内の**中期スケジューラ**と呼ばれるプログラムが行う．

スワッピングはプロセスのすべてのメモリを書き出し，また読み込むため，時間を要する．このため，すばやい応答が求められる対話的環境には適していない．

## 5. 動的メモリ割当て

コンピュータでは，必要に応じてメモリ領域を動的に確保したり開放したりすることが一般的に行われる．このような処理は**動的メモリ割当て**（dynamic memory allocation）と呼ばれる．

可変区画方式における，OSがユーザプログラムを実行するために必要なメモリを割り当てる処理はこの一種である．動的メモリ割当ては，ほかにもユーザプロセスのヒープ領域（3.1節5.参照）や，カーネルが内部で使用するオブジェクトを格納する領域（カーネルヒープ領域と呼ばれる）の管理など，さまざまな場所で使用されている．

動的メモリ割当てにおいて，割当て元となる（大きな）メモリ領域は**メモリプール**（memory pool）などと呼ばれる．

メモリの割当てと解放は頻繁に実行されるため，高速に実行できる必要がある．また，断片化が少なく，メモリの利用効率が高いことも求められる．

動的メモリ割当てにはさまざまなアルゴリズムがあるが，以下ではシーケンシャルフィットアルゴリズムとバディシステムについて解説する．

**(1) シーケンシャルフィットアルゴリズム**

**シーケンシャルフィットアルゴリズム**（sequential fit algorithm）は，割当てに適したサイズの空き区画を見つけるために，メモリプール内の空き区画を順番に走査（スキャン）するアルゴリズムである．空き区画は双方向連結リストによって管理する．メモリを節約するために，空き区画自体に次の空き区画へのポインタ，前の空き区画へのポインタ，区画のサイズを記録する方法が使われる．

最初はメモリプール全体を1つの大きな空き区画とし，空き区画リストにつないでおく．大きさ $m$ のメモリ割当て要求が発生すると，空き区画リストを走査し，大きさが $m$ 以上の適切な空き区画を探す（方法は後述）．見つかった空き区画の大きさを $s$ とする．$m = s$ ならば，その区画を使用中区画として返す．$m < s$ ならば，その区画から大きさ $m$ の区画を切り出し，使用中区画として返す．大きさ $m - s$ の残りは空き区画とする[3]．新しい空き区画は双方向連結リストに追加する．空き区画が見つからない場合はメモリ不足によりエラーとする．

......................................................

[3] 空き区画数が増えると探索に時間がかかるようになるため，一般的には $m - s$ が一定値以下ならばサイズ $m$ の区画をそのまま割り当て，小さい空き区画をつくらないようにする．

　割り当てた区画は使用が終了したら，解放して空き区画とする．このとき，隣接する空き区画をマージして大きな空き区画とする．

　空き区画を探すアルゴリズムとしては，以下が知られている．

- ファーストフィット（first fit）：空き区画のリストを先頭からたどり，最初に要求サイズを満たす区画を返す．バリエーションとして，前回探索を終了した地点から探すネクストフィット（next fit）がある．

- ベストフィット（best fit）：空き区画の中で，最も残りの区画が小さくなる区画を返す．

- ワーストフィット（worst fit）：空き区画の中で，最も残りの区画が大きくなる区画を返す．ベストフィットよりも残りの区画の利用価値が高くなる（後でほかの要求に割当て可能）ことを狙った方法であるが，実際はベストフィットのほうがよい結果が得られることが多いことが知られている．

　いずれのアルゴリズムも（最悪の場合）すべての空き区画リスト上の要素をチェックする必要があるため，空き区画数に比例して時間がかかる．

## (2) バディシステム

　バディシステム（buddy system）（バディメモリアロケータ（buddy memory allocator）ともいう）にはいくつかのバリエーションがあるが，以下では単純なバイナリバディシステム（binary buddy system）を説明する．

　この手法は，2の累乗バイトサイズのメモリプールを，より小さい2の累乗バイトサイズの区画に分割して割り当てる．

　メモリ割当ての要求があれば，要求サイズと等しいか，それより大きい，最小の2の累乗バイトの区画を割り当てる（例えば200 KBの割当て要求に対して256 KBの区画を割り当てる）．そのような区画がなければ，必要なサイズの区画が得られるまで，要求サイズより大きい空き区画を（再帰的に）2つに分割する（このように1つのブロックから半分に分割された2つの区画を互いにバディと呼ぶ）．空き区画がなければメモリ割当ては失敗する．

　具体例で説明する．メモリプールのサイズが1 MBで，200 KBのメモリ割当てが要求されたとする．このとき，まず，1 MBの空き区画を半分の512 KBの区画2つに分割し，さらに512 KBの区画1つを256 KBの区画2つに分割する．要求に対しては256 KBの区画の1つを割り当てる（後半の $256 - 200 = 56$〔KB〕は

余る). この時点で空き区画は512KB 1つ, 256KB 1つとなる.

次に100KBのメモリが要求されると, 256KBの空き区画を128KBの区画2つに分割し, その1つを割り当てる.

バディどうしの2つの区画は, 両方が開放されたとき, 倍のサイズの1つの区画にマージする. 上記の例でいえば, 128KBの区画が開放されたら, バディである隣の128KBの空き区画とマージして256KBの空き区画とする. なお, マージは再帰的に行う (上記の例において, 256KBの空き区画のバディも空き区画であれば, さらにマージして512KBの空き区画とする).

空き区画を管理するために, 各サイズごとの双方向連結リストを使用する. 例えば, 最小割当てサイズが1KB, 最大割当サイズが1MBの場合, 1KB, 2KB, 4KB, ⋯, 512KB, 1MBの各サイズに対して1つの双方向連結リストを使用し, それぞれのサイズの空き区画をつないでおく.

バディシステムは外部断片化を起こしにくく, また, メモリの割当てと開放を高速に実行できるという特長がある. しかし, 内部断片化の問題は残っている. 例えば, 257KBのメモリが要求された場合, これより大きな最小の2の累乗バイトサイズである512KBのブロックが割り当てられ, 255KBが無駄となる. このため, 実際のシステムではバディシステムは一定サイズ以下のメモリ割当てにのみ使用し, 大きいサイズのメモリ割当てには別のアルゴリズムを使うといった方法が採られる.

バディシステムはC言語におけるmalloc関数の実装や, Linuxカーネルにおけるメモリ管理アルゴリズムとして使用されている.

## 4.3 仮想記憶

仮想記憶 (virtual memory) は, プロセスが使用するアドレスと実際の物理アドレスを分離することで, メモリを仮想化する技術である.

仮想記憶では, プロセスごとに専用の独立したアドレス空間を割り当てる. これを仮想アドレス空間 (virtual address space), あるいは論理アドレス空間 (logical address space) という. プロセスから見えるアドレスは物理アドレスではなく, 仮想アドレス (virtual address) である. プロセスがメモリにアクセスするときは, 仮想アドレスを物理アドレスに変換したうえで物理メモリにアクセスする.

仮想記憶には以下の利点があり，現在の OS では一般的な機能となっている．

- （ほかのプロセスに割り当てたメモリに影響されずに）各プロセスに対して連続したアドレス空間を提供できる．
- 各プロセスのアドレス空間を分離することで互いに隔離し，システムの安定性を高めることができる．
- 物理メモリの容量以上のメモリを利用することができる（デマンドページング）．

仮想アドレスから物理アドレスへの変換は **MMU**（memory management unit）と呼ばれるハードウェアによって動的に行われる．この変換を**動的アドレス変換**（dynamic address translation）という．今日の一般的なプロセッサは MMU を内蔵している．

　仮想アドレスと物理アドレスとの対応関係（マッピング）をバイト単位で指定できるようにすると，アドレス変換のための情報量が膨大となる．このため，ある程度の大きさのメモリブロックを単位としてマッピングを行う．マッピングには大きく分けて，可変長のメモリブロックを単位とする**セグメント方式**（segmentation）と，固定長のメモリブロックを単位とする**ページング方式**（paging）がある．現在はページング方式が主流であるため，以下ではページング方式について解説する．

## 1.　ページング

　ページング方式では，仮想アドレス空間と物理アドレス空間を固定長（**ページサイズ**（page size）という）のブロックに分割する．ページサイズは 2 の累乗バイトであり，4 KB が一般的である．

　仮想アドレス空間のブロックを**ページ**（page），あるいは**仮想ページ**（virtual page）といい，物理アドレス空間のブロックを**物理ページ**（physical page），あるいは**ページフレーム**（page frame）という．

　それぞれのページはページ番号で識別する．ページサイズが 4 KB（$= 2^{12}$ B），仮想アドレスの幅が 32 ビットの場合，仮想アドレスの上位 20 ビットがページ番号となり，下位 12 ビットは**ページ内オフセット**（page offset，ディスプレースメント（displacement）ともいう．ページ先頭から何バイト目かを示す値）となる．同様に，物理ページは**物理ページ番号**で識別する．物理アドレスの幅が 32 ビットの場

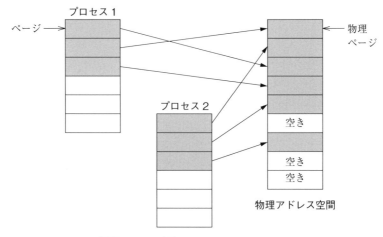

図 **4.1** ページングの模式図

合，物理アドレスの上位 20 ビットが物理ページ番号となる．

　アドレス変換は，ページを物理ページに対応付ける（マップするという）ことで行われる（**図 4.1**）．プロセスに割り当てるメモリは物理アドレス空間上では連続である必要はないため，物理メモリの外部断片化が発生しない．

　カーネルは空いている物理ページを連結リストやビットマップ[※4]などで管理する．カーネルは，新しくプロセスを実行する場合など，プロセスに割り当てるページが必要になると，空いている物理ページを割り当てる．また，プロセスが終了した場合など，ページが不要になれば対応する物理ページを回収する．

---

**—セグメント方式の仮想記憶—**

　セグメント方式では，プログラムを構成する論理的な単位（プログラムやデータなど）に対して，セグメント（segment）と呼ばれる可変長のメモリ領域を割り当てる．それぞれのセグメントには一意なセグメント番号が割り振られる．プログラ

---

[※4] ビット配列によってデータを管理する構造のこと．ここでは，1 ビットを 1 物理ページに対応させ，各物理ページが使用中か否かを管理する．

ムからメモリへのアクセスは，セグメント番号とセグメント内のオフセットを指定することで行う．つまり，セグメント方式では仮想アドレスは 2 次元となる．

現代の OS ではセグメント方式は廃れている．これは，セグメント機構はプロセッサのアーキテクチャに大きく依存するため，異なるアーキテクチャへの移植が難しいこと，および，C 言語などの高水準言語はアドレス空間がフラット（1 次元）であることを前提にしているため，セグメントを扱うことが難しいことなどが理由として考えられる[※5]．

## (1) ページテーブル

仮想アドレスから物理アドレスへの変換にはページテーブル（page table）と呼ばれるデータ構造を使用する．ページテーブルはページ番号でインデックスする配列であり，物理メモリ上に配置される．ページテーブルはカーネルが用意し，カーネルとプロセッサの両方が読み書きする．

ページテーブルの要素をページテーブルエントリ（page table entry）という．1 つのページテーブルエントリが 1 つのページに対応し，そのページがマップされる物理ページ番号や各種のフラグを格納する（詳細は 4.3 節 1. で述べる）．

MMU には，使用するページテーブルの物理アドレスを保持するレジスタ（ページテーブルベースレジスタ）があり，異なるページテーブルを指すように変更することでプロセッサが使用する仮想アドレス空間を切りかえることができる．

仮想アドレス $v$ から物理アドレス $r$ へのアドレス変換は，以下のように行われる（図 4.2 参照）．

i) $v$ からページ番号 $b$ とページ内オフセット $d$ を求める．

ii) ページテーブルベースレジスタが指すページテーブルのインデックス $b$ からページテーブルエントリを取得する．

iii) ページテーブルエントリに格納されている物理ページ番号を $b'$ とするとき，$r = b' \times (\text{ページサイズ}) + d$．

それぞれのプロセスに対して独立した仮想アドレス空間を割り当てるため，OS

---

[※5] x86 アーキテクチャはセグメント機構を備えていたが，あまり活用されなかったため，x64 アーキテクチャでは（ほぼ）廃止された．

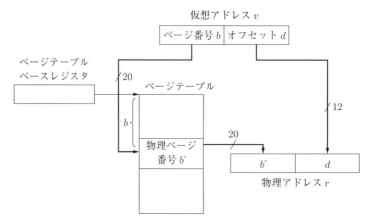

図 **4.2**　ページテーブルによる仮想アドレスから物理アドレスへの変換

| 63 62 61 60 | 59 58 57 56 55 54 53 52 51 | M | M-1 | 32 31 30 29 28 27 26 25 24 23 22 21 20 19 18 17 16 15 14 13 12 | 11 10 9 | 8 | 7 | 6 | 5 | 4 | 3 | 2 | 1 | 0 |
|---|---|---|---|---|---|---|---|---|---|---|---|---|---|---|
| XD | Prot. Key | Ignored | Rsvd. | Address of 4KB page frame | Ign. | G | PAT | D | A | PCD | PWT | U/S | R/W | P |

図 **4.3**　x64 アーキテクチャのページテーブルエントリ
（2 行目の記号の意味は本文参照）

はプロセスごとに固有のページテーブルを用意する．コンテキストスイッチによって実行するプロセスを切りかえるとき，ページテーブルベースレジスタの値を，次に実行するプロセスのページテーブルの先頭アドレスに設定し直す．

**(2) ページテーブルエントリ**

　ページテーブルエントリの構造はプロセッサアーキテクチャによって異なる．以下，x64 アーキテクチャを例に説明する（ほかのアーキテクチャにおいてもおおむね類似した構造をもつ）．

　x64 アーキテクチャの 1 つのページテーブルエントリは 64 ビット（8 B）あり，これが仮想アドレス空間の 1 ページ（4 KB）に対応する．ページテーブルエントリはビットごとに意味をもつ．以下，重要なビットについて説明する（図 **4.3** 参照）．

- P（present）ビット：一般的には**存在ビット**，あるいは**有効ビット**（valid bit）と呼ばれる．対応するページに物理メモリがマップされているか（値が 1），されていないか（値が 0）を示す．1 の場合，このページに対する

アクセスがあれば，後で示す物理ページ番号のフィールドを参照して物理アドレスに変換する．0 の場合，このページは無効であることを示す．プロセッサがこのページにアクセスしようとするとページフォールト（page fault）と呼ばれる例外が発生し，カーネルに制御が移る．

P ビットはデマンドページングで使用される（4.3 節 3. 参照）．

- R/W（read/write）ビット：対応するページに対して，読み書きが許可されているか（値が 1），読み込みのみが許可されているか（値が 0）を示す．読み取り専用のページに書き込もうとすると，**アクセス違反例外**（illegal access）が発生し，カーネルに制御が移る．

  プロセスのメモリで書き込みを禁止する領域（テキスト領域など）は，このビットを使って読み取り専用に設定する．また，このビットはコピーオンライトを実現するためにも使用される（4.3 節 3. 参照）．

- U/S（user/supervisor）ビット：対応するページに対して，ユーザモードからアクセス可能か（値が 1），特権モードからのみアクセス可能か（値が 0）を示す．仮想アドレス空間上でカーネルの領域を保護するために利用される．

- A（accessed）ビット：一般的には**参照ビット**（referenced bit）と呼ばれる．対応するページにアクセス（読み取りあるいは書き込み）があったか（値が 1），なかったか（値が 0）を示す．プロセッサがこのページにアクセスすると 1 にセットされる．このビットは，ページ置換アルゴリズム（4.3 節 4. 参照）が当該ページが使用されたかどうかを判断するために利用される．

- D（dirty）ビット：一般的には**変更ビット**（modified bit）などと呼ばれる．対応するページに書き込みがあったか（値が 1），なかったか（値が 0）を示す．プロセッサがそのページに書き込みを行うと 1 がセットされる．なお，書き込みがあったページはダーティなページ（dirty page）と呼ばれる[6]．

- 物理ページ番号（図の Address of 4 KB page frame）：対応するページをマップする物理メモリの物理ページ番号を保持する．P ビットが 1 のときのみ参照される．プロセッサのモデルによって異なるが，最大で 40 ビットである．

- XD（execution disable）ビット：対応するページ上の機械語プログラムの実行を無効にするか（値が 1），有効にするか（値が 0）を示す．

........................................

[6] 書き込みによってページが汚れたと見なされることから．

## (3) 多段ページテーブル

仮想アドレス空間が広くなると，その分，必要なページテーブルのサイズも大きくなる．例えば，仮想アドレス空間が256 TB，ページサイズが4 KB，1つのページテーブルエントリが8 B の場合，ページテーブルとして

$$\frac{256\,[\mathrm{TB}]}{4\,[\mathrm{KB}]} \cdot 8\,[\mathrm{B}] = 512\,[\mathrm{GB}]$$

必要である．

しかし，一般的にプロセスは仮想アドレス空間のごく一部しか使用しないため，ほとんどのページテーブルエントリは無駄となる．そこで考え出されたのが，ページテーブルを階層化した**多段ページテーブル**（multilevel page table）である[7]．

多段ページテーブルでは，最下位のページテーブルは上記の（1段の）ページテーブルと同様のページテーブルエントリを保持するが，最下位以外のページテーブルでは，各エントリは1つ下のページテーブルの物理アドレスを保持する．

多段ページテーブルを採用している x64 アーキテクチャの例を用いて説明する（図 **4.4**）．x64 の仮想アドレス空間は，アドレス幅が64 ビットで16 EB（エクサバイト）あるが，実際に使えるのはそのうち256 TB である（アドレス幅48 ビット）[8]．また，ページテーブルは4段で，ページサイズは4 KB である[9]．ここでは，最下段のページテーブルから順に L1 ページテーブル，L2 ページテーブル，L3 ページテーブル，L4 ページテーブルと呼ぶ[10]．これらのページテーブルはそれぞれ $2^9 = 512$ エントリある．また，各レベルのページテーブルエントリは 4.3 節 1. で述べたページテーブルエントリとほぼ同じ構造をもつが，L2 以上のページテーブ

---

[7] ページテーブルのサイズを削減するほかの方式として，逆引きページテーブル（inverted page table）という方式も使われている．

[8] 48 ビットの仮想アドレスを符号拡張（2つの補数で表現された整数をより大きいビット数で表す際，増えたビット部分にもとの値の最上位ビットをコピーすることで符号を変えないようにする方法）して64 ビットとして使用する（48 ビットアドレスの最上位ビット（ビット 47）を，ビット 48〜63 にコピーする）．このため，16 EB の空間のうち，低位領域 128 TB（0x00000000_00000000〜0x00007FFF_FFFFFFFF）と高位領域 128 TB（0xFFFF8000_00000000〜0xFFFFFFFF_FFFFFFFF）だけが使用できる．

[9] 2 MB および 1 GB のページサイズを使うことも可能．またページテーブルを 5 段，仮想アドレス幅を 57 ビットにすることで，使用できる仮想アドレス空間を 128 PB とする機能拡張もある．

[10] これらは本来の用語ではない．Intel はそれぞれページテーブル，ページディレクトリ，ページディレクトリポインタテーブル，PML4 テーブルと呼んでいる．

仮想アドレス

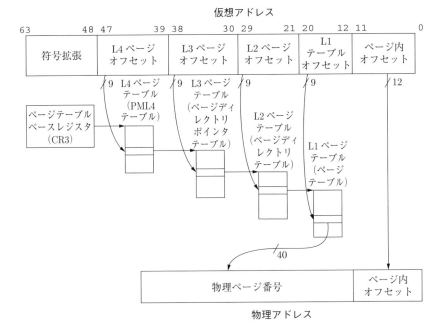

図 4.4　x64 アーキテクチャのページテーブルの模式図

ルエントリは，下の段のページテーブルが配置されている物理メモリの物理ページ番号を保持している点が異なる．

L4 ページテーブルがアドレス変換の起点となる．OS は（実行するプロセスを切りかえるたびに）L4 ページテーブルの物理アドレスをプロセッサのページテーブルベースレジスタ（CR3 レジスタ）に設定する．

仮想アドレス $v$ にアクセスがあった場合に，ページテーブルをどのようにたどって対応する物理アドレスを求めるかについて説明する．$v$ をビット単位でいくつかのかたまりに分解する．最下位ビットから 12 ビットをページ内オフセットとし，残りは下位から 9 ビットずつ，L1 テーブルオフセット，L2 テーブルオフセット，L3 テーブルオフセット，L4 テーブルオフセットとする（合計 48 ビット）．

i)　L4 テーブルオフセットによって L4 ページテーブルをインデックスし，エントリを取得する．このエントリには L3 ページテーブルの物理アドレス（実際には物理ページ番号）が格納されている．

ii) L3 テーブルオフセットを使って L3 ページテーブルをインデックスし,エントリを取得する.このエントリには L2 ページテーブルの物理アドレスが格納されている.

iii) 以下,同様にページテーブルをたどり,L1 ページテーブルのエントリを取得する.このエントリ内に格納されている物理ページ番号とページ内オフセット（$v$ の最下位 12 ビット）によって実際にアクセスする物理アドレスが求まる.

多段ページテーブルでは,実際に使用する仮想アドレスの範囲に対応するページテーブルのみを用意すればよいため,物理メモリを節約することができる（使用しないエントリの P ビットは 0 にしておくことでアドレス変換を無効にする）.

**(4) トランスレーション ルックアサイド バッファ**

ページテーブルを用いたアドレス変換では,メモリアクセスのたびにページテーブルの段数分のメモリ参照が追加で必要となるため,単純な実装では（ただでさえ遅い）メモリへのアクセスが非常に遅くなってしまう.このため,MMU は仮想アドレスから物理アドレスへのアドレス変換を高速化するためのトランスレーション ルックアサイド バッファ（translation lookaside buffer; **TLB**）と呼ばれるハードウェアを備えている.

TLB はページテーブルエントリ専用のキャッシュメモリであり,**連想メモリ**（content addressable memory; **CAM**）と呼ばれる,内容を高速に検索できる特殊なメモリで構成される.MMU は,仮想アドレスに対応するページテーブルエントリが TLB 内に存在（TLB ヒット）すれば,TLB 内のページテーブルエントリを使用する.このときはページテーブルを参照する必要がないため,アドレス変換を高速に実行できる.

一方,存在しなければ（TLB ミス）,ページテーブルを参照してページテーブルエントリを取得し,取得したエントリを TLB に格納する.TLB にページテーブルエントリを格納する処理はハードウェアが行う場合（x64 など）と,OS が TLB ミスを契機として行う場合（MIPS など）がある（図 **4.5**）.

一般的なプロセッサでは,TLB のエントリ数は数千個程度である.

TLB は,仮想アドレスをキーとしてキャッシュされたページテーブルエントリを検索する.プロセスが異なれば同じ仮想アドレスでもページテーブルエントリ

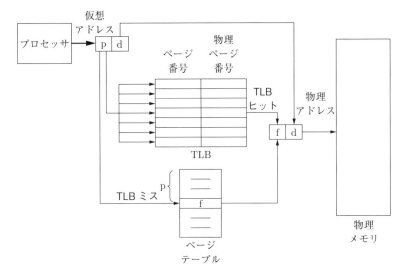

図 **4.5** TLB を用いたアドレス変換の模式図
(A. Silberschatz, P. B. Galvin, G. Gagne: Operating Systems
Concepts 8th *ed*, John Wiley & Sons (2009) より引用)

は異なるため，プロセス間でコンテキストスイッチする場合，OS は TLB をクリ
アしなければならない．これを TLB フラッシュといい，そのための機械語命令が
ある．しかし，TLB フラッシュを行うと TLB ミスが多発し，性能が劣化する．

　このため，最近のプロセッサでは TLB エントリにプロセス ID に相当する値を
記録し，アドレス変換の際はこの値が等しいエントリだけを検索するようにする
ことで，コンテキストスイッチ時の TLB フラッシュを回避できるしくみが導入
されている．

## 2. 仮想アドレス空間

　仮想アドレス空間の構成は OS によって異なるが，低位領域をユーザプロセス
用とし，高位領域をカーネル用とするのが一般的である．前者をユーザ空間（user
space），後者をカーネル空間（kernel space）という．

　例えば x86 用の Windows では，仮想アドレス空間 4 GB のうち，前半 2 GB
（0x00000000～0x7FFFFFFF）をユーザ空間とし，後半 2 GB（0x80000000～

0xFFFFFFFF）をカーネル空間としている[11]．また，x64 用の Linux では，仮想アドレス空間 256 TB のうち，低位領域 128 TB をユーザ空間，高位領域 128 TB をカーネル空間としている．

コンテキストスイッチによって実行するプロセスが切りかわるとき，ユーザ空間だけが入れかわるようにする．これは各プロセスのページテーブルで，カーネル空間に対応するページテーブルエントリを同一にすることで実現できる．

ユーザ空間とカーネル空間は同じ仮想アドレス空間内にあるが，ユーザプロセスからカーネル空間へのアクセスは制限し，一方でカーネルからはユーザ空間とカーネル空間のいずれにもアクセスできるようにする．

仮想アドレスの 0 番地を含むページは通常，読み書き禁止に設定する．これによって，ヌルポインタ（null pointer）[12]を使ってメモリを参照するバグ（ヌルポインタ参照）を検知し，プロセスを強制終了させることができる．

一般的にはプログラムの実行中にテキスト領域を書き換える必要はない．このため，テキスト領域は書き込み禁止に設定する．これにより，同一プログラムが複数動作するときにプロセス間で物理メモリを共用できる（4.3 節 3. 参照）．また，セキュリティ上のリスク低減にもなる．

データ領域やスタック領域など，プロセスから自由に書き込めるページ上のデータを機械語プログラムとして実行できると，セキュリティ上のリスクとなる[13]．このため，OS は，テキスト領域以外の領域を実行禁止にすることで[14]，意図しないプログラムの実行を防ぐ[15]．

........................................

[11] 設定によっては，ユーザ空間を 3 GB，カーネル空間を 1 GB とすることも可能．
[12] 値が 0 のポインタのこと．
[13] 例えば，プログラムで想定していない大きさの巧妙につくられたデータを送り込むことで，スタック上にある戻り番地を書き換え，攻撃者のコードを実行させるバッファオーバフロー（buffer overflow）と呼ばれる攻撃が成功するには，一般にスタック領域上の機械語が実行可能である必要がある．
[14] 最近のプロセッサでは，ページ単位でプログラムの実行を禁止することができるようになっている（x64 ではページテーブルエントリの XD ビットを使用する）．実行禁止に設定されたページ上の機械語プログラムを実行しようとすると例外が発生する．
[15] ただし，Java のようにプログラムの実行時にコンパイルを行う**実行時コンパイル方式**（just in-time compilation; **JIT**）の言語では，実行中にメモリ上に生成した機械語プログラムを実行する必要がある．このため，実行時コンパイルを用いるプロセスではシステムコールなどによって OS に特別な許可を要求する．

## 3. デマンドページング

　プログラムの実行開始時に実行ファイルのすべての部分をメモリにロードすることは非効率的である．例えば，1つのプログラムは複数の機能を備えている場合が多いが，1回のプログラム実行中にすべての機能を使うとは限らない．実行ファイルから，使用されない機能のためのコードをロードすることは時間とメモリの無駄である．また，プログラムのある部分が将来使用される場合でも，しばらくの間，使用されないのであれば，使用されるまでの間，物理メモリを他の目的に使用したほうがよい．

　デマンドページング（demand paging，**要求時ページング**ともいう）は，このような考え方にもとづいて，プロセスに対して必要に応じて物理ページを割り当てる技法である．デマンドページングを用いると，物理メモリの容量以上のメモリを使用できる．現在では，ページングといえばデマンドページングを指すことが一般的である．デマンドページングは以下のようなしくみである．

i)　プロセス生成時に仮想アドレス空間は用意するが，物理ページは割り当てない．

ii)　プロセスが物理ページの割り当てられていない仮想アドレスにアクセスすると，ページフォールトが発生し，カーネルに制御が移る．

iii)　カーネルは，その仮想アドレスがプロセスからのアクセスが許容されている範囲内にあれば，そのページに物理ページを割り当て，内容を適切に設定（実行ファイルからページに対応する部分をロードするなど）したうえで，プロセスの実行に戻る[16]．

　デマンドページングはプロセスにとって透過的であり，デマンドページングがあってもプロセスは何事もなかったかのように実行を継続できる．

　さて，デマンドページングによってプロセスに物理ページを割り当てていくと，いずれ物理ページが不足する．そのときは，当面使わない（と予測される）割当て済みの物理ページを，他あるいは自プロセスから回収し（引きはがし），必要になったページに割り当てる．回収したページの内容は，書き込みがあれば

---

[16] ある意味，泥縄式ともいえる．

スワップ領域[17]と呼ばれる補助記憶装置上の領域に退避させ，後で必要になったときにはスワップ領域から読み出す．スワップ領域としては，専用のファイル（ページファイル（page file）などという[18]）や，専用のパーティション[19]（スワップパーティション（swap partition）などという）が使用される．

　デマンドページングによりページの内容を実行ファイルやスワップ領域から読み出すことをページイン（page in），スワップ領域へ書き出すことをページアウト（page out）という[20]．また，これらの動作を総称してページング（paging）ということもある．

　デマンドページングで使用される補助記憶装置上の領域はバッキングストア（backing store）という．デマンドページングでは，物理メモリはバッキングストアのキャッシュと考えることができる．

---

　**─スワッピングとページングの違い─**

　　スワッピング（4.2 節 4. 参照）が物理メモリの割当てと解放をプロセス単位で行うのに対し，デマンドページングはページ単位で行う点が異なる．かつてはデマンドページングを使用する OS でも，メモリへの割当て要求が高くスラッシング（4.3 節 4. のコラム参照）が発生する場合はスワッピングを行う場合があったが（4.3BSD UNIX など），現在では主流ではない（例えば Linux ではスワッピングは実装されていない）．理由としては，現代のコンピュータでは物理メモリ容量が増加し，また動的リンク（4.4 節参照）によってメモリへの要求が減少しているため，スラッシングの頻度が低くなったことが考えられる．

---

**(1) ページフォールトハンドラ**

　前述のとおり，デマンドページングでは，プロセスの生成時には物理メモリを割り当てない．このため，プロセスに割り当てた仮想アドレスの範囲に対応するページテーブルエントリの P ビットは 0 に設定しておき，アドレス変換を無効に

---

[17] ページング領域とはあまりいわない．
[18] Windows ではページファイルとして C:\pagefile.sys が使われる．
[19] パーティションについては 2.6 節参照．
[20] ページアウトの意味でスワップアウト，ページインの意味でスワップインという用語を使用する場合もある．

しておく.

その後, プロセスの実行が開始され, 仮想アドレス $v$ にアクセスがあると, $v$ に対応するページテーブルエントリ ($e$ とする) の P ビットが 0 の場合 (すなわち, 物理ページが割り当てられていない場合), ページフォールトが発生してカーネル内のページフォールトハンドラ (page fault handler) と呼ばれるルーチンに制御が移る.

ページフォールトハンドラはおおむね次のように動作する.

i)  $v$ を取得する[21].

ii)  プロセスの仮想アドレス空間において, $v$ がどの領域に含まれるかを判定する. 無効な仮想アドレス範囲の場合はプロセスを強制終了させる.

iii)  有効な仮想アドレス範囲の場合は空いている物理ページを確保する. 空いている物理ページがないときは, 以下のようにして空き物理ページを確保する.

　① 4.3 節 4. で述べるページ置換アルゴリズムによって, 割当て済みの物理ページの中から, 今後しばらく利用されないと予想される物理ページを選ぶ.

　② この物理ページを開放するために, 物理ページを参照しているページテーブルエントリの P ビットを 0 にし, アドレス変換を無効にする.

　③ 当該物理ページに書き込みがない場合 (すなわちページテーブルエントリの変更ビットが 0 ならば), ページの内容を単に破棄する (再度必要になれば, 実行ファイルなどからロードする[22]).

　④ 書き込みがある場合 (変更ビットが 1 の場合), 物理ページの内容をスワップ領域に書き出し, 後から内容を復元できるようにする (ページアウト).

　⑤ 以下, この物理ページを空き物理ページとして使用する.

............................................................

[21] プロセッサは, ページフォールトの原因となった仮想アドレスをレジスタ (x64 では CR2 レジスタ) などに格納し, カーネルが取得できるようにしている.

[22] プロセス実行中に実行ファイルを書き換えるとプロセスがクラッシュ (異常終了) する可能性があるので, Windows では実行中の実行ファイルは書き換えや削除ができないようになっている.

iv) iii) で確保した空き物理ページの内容を初期化（復元）する．$v$ を含むページがスワップ領域にあればスワップ領域から，そうでなければ実行ファイルの対応する部分からページの内容を読み込む（ページイン）．ただし，$v$ が BSS 領域やスタック領域のように 0 で初期化する領域の中ならば，物理ページを 0 で埋める[※23]．

v) 初期化した物理ページの物理ページ番号を $e$ に設定し，P ビットを 1 に設定する．

vi) ページフォールトハンドラから復帰する（プロセッサをユーザモードに遷移させ，ページフォールトを引き起こした機械語命令からプロセス（スレッド）の実行を再開する）．

この処理の間，スレッドの実行は中断され，処理が終わると再開される．スレッドからはこの動作は透過である（単にメモリアクセスに時間がかかっているだけのように見える）．

**(2) デマンドページングにおけるメモリアクセス速度**

通常のメモリ参照はナノ秒オーダで実行できるのに対し，ページングが発生すると補助記憶装置の読み書きを待つ必要があり，特に補助記憶装置としてハードディスクを使用している場合はミリ秒単位の時間が必要となる．

プロセスがメモリにアクセスしたときにページフォールトする確率をページフォールト率（page fault rate）と呼ぶ．ページフォールト率を $f$，物理メモリのアクセス時間を $t_{mem}$，ページフォールトが発生した場合のメモリアクセス時間（ほぼページングの処理時間と等しい）を $t_{fault}$ とすると，平均メモリアクセス時間は

$$(1-f)\,t_{mem} + f\,t_{fault}$$

となる．例えば，$f = 0.001$，$t_{mem} = 1$〔ナノ秒〕，$t_{fault} = 1$〔ミリ秒〕の場合，平均メモリアクセス時間は

$$(1 - 0.001) \times 1\,〔ナノ秒〕 + 0.001 \times 1\,〔ミリ秒〕 \approx 1\,〔マイクロ秒〕$$

となる．

........................................

[※23] この処理には時間がかかるため，利用していない物理ページをプロセッサが空いているときに 0 で初期化しておくことで，0 で初期化された物理ページをあらかじめ用意しておく方法がある．

このように，デマンドページングでは，ページフォールト率が平均メモリアクセス時間に大きな影響を及ぼす．このため，ページフォールト率を低く保つことが重要である．

ページフォールト率は，単純にはコンピュータの物理メモリ容量を増やすことで下げることができる．物理メモリ容量が少ないコンピュータは動作が遅いことがあるが（いわゆる「重い」状態），これはページングの頻度が高くなることが主な原因である．また，ページフォールト率はページ置換アルゴリズム（4.3 節 4.参照）によっても変化する．

### (3) テキスト領域の共有

ページングでは，同一のプログラムを同時に複数実行している場合（すなわち，複数のプロセスが同一の実行ファイルを使用している場合），プログラムのテキスト領域を共有することで，使用する物理メモリを節約することができる．

そのためには，それぞれのプロセスのページテーブルエントリが，同一の物理ページを参照するように設定する．ただし，安全に共有するために，テキスト領域は書き込み禁止とする必要がある（ページテーブルエントリで書き込み禁止に設定しておく）．また，物理ページを安全に開放するために，OS はそれぞれの物理ページがいくつのプロセスから参照されているかを管理する（この値を参照カウント（reference count）という）．

なお，後述する動的リンクで使用される共有ライブラリでも，テキスト領域はプロセス間で共有する．

### (4) コピーオンライト

Unix 系 OS では，新しくプロセスを生成する場合，fork システムコールによって親プロセスの複製を生成する（3.1 節 4.参照）．fork システムコールでは，親プロセスが fork システムコールを実行した時点の複製を生成するため，fork 直後は親プロセスと子プロセスの仮想アドレス空間の内容は等しい．

このとき，テキスト領域については書き込みが禁止されているため，親プロセスと子プロセスの間で物理ページを共有できるが，データ領域や BSS 領域，スタック領域ではそれぞれのプロセスで書き込みが行われる可能性があるため，共有することができない．

しかし，子プロセスのために親プロセスのこれらの領域のページをコピーしても，実際に書き込みが行われるとは限らない．多くの場合，子プロセスは fork の

後，すぐに exec システムコールを実行し，別の実行ファイルを実行する．この場合，ほとんどのコピーは無駄となる．また，exec システムコールを実行しない場合でも，子プロセスではデータ領域や BSS 領域の大部分は読み込みしか行わない場合もある．

コピーオンライト（copy on write; **CoW**）と呼ばれる技法を用いると，無駄なコピーを削減することができる．コピーオンライトでは，コピー処理を実際に書き込みが行われるまで（つまり，複製が本当に必要になるときまで）遅延させることで，書き込みが行われないページのコピーを抑制する．

コピーオンライトでは，書き込み可能なページもプロセス間で共有する（同一の物理ページを参照する）．ただし，ページテーブルエントリ上では当該ページに対する書き込みは禁止しておく．このため，ページに書き込みがあると，アクセス違反例外が発生し，カーネルに制御が移る．

アクセス違反例外が発生すると，カーネルは例外の原因となった仮想アドレスがコピーオンライトの対象領域であれば，そのページを空いている物理ページにコピーする．次に，ページテーブルエントリを新しい物理ページを指すように修正し，書き込みを許可してから例外から復帰する．これによって，例外を引き起こした機械語命令から実行が再開され，メモリへの書き込みが完了する．

コピーオンライトでは実際に書き込みが行われたページだけがコピーされるが，この動作はプロセスには不可視であり，それぞれのプロセスは自分専用の書き込み可能なメモリをもっているように見える．

コピーオンライトは仮想記憶以外でも使われることがある．例えば，いくつかのファイルシステム[24]では，ファイルシステム全体のスナップショット[25]をコピーオンライトにより取得する機能を備えている．スナップショットの取得時にはファイルをコピーせず，後からファイルの内容が変更されたタイミングではじめてコピーを作成する．これにより，スナップショットの取得を高速かつ小容量で実現できる．

なお，コピーオンライトのように，ある処理を行うタイミングを実際に必要になる時点まで先延ばしにすることを遅延評価（lazy evaluation）という．

........................................................

[24] Solaris や FreeBSD などで利用できる ZFS，macOS の APFS など．
[25] ある時刻におけるすべてのファイルのバックアップコピーのこと．

## 4. ページ置換アルゴリズム

デマンドページングにおいて空き物理ページが不足する場合，物理メモリを割当て済みのページから物理メモリをはがして，ほかのページに割り当てることになる．この（置換する）ページを選択するアルゴリズムをページ置換アルゴリズム（page replacement algorithm）という．また，選択されたページを **victim** ページ，犠牲ページなどという．

victim ページの選択によってページフォールト率は変化する．ページ置換アルゴリズムでは，ページフォールト率が低いことが求められる．

### (1) 参照の局所性

参照の局所性とは，プロセスが短い時間の間に参照するメモリアドレスは特定の（一般にはいくつかの）狭い領域に限定される傾向があることをいう．これは多くの場合に成り立つことが知られている．

この理由は次のように説明できる．例えば C 言語のプログラムにおいて，1 つの関数を構成する機械語命令は 1 つのまとまった場所に存在する．また，関数の（レジスタに入り切らない）ローカル変数はスタック上のまとまった場所に配置される．さらに，プログラムの実行時間の大部分は繰返しが占めるため，短時間の間に実行される関数の数は限定されていることが多い．これらの理由により，多くの場合，参照の局所性が成り立つ．ただし，巨大な配列をすべて走査するような処理は例外である．

参照の局所性により，最近参照されたページは，再度近いうちに参照される可能性が高く，最近参照されていないページは，近いうちに参照される可能性は低いという推測ができる．ページ置換アルゴリズムはこの性質を利用し，最近参照されていないページを置換の候補とする．

―ワーキングセットとスラッシング―

ある時点の近傍でプロセスが参照しているページ集合を（その時点の）ワーキングセット（working set）という．プロセスのワーキングセットがすべて物理メモリ上にあればプロセスの実行はスムーズに進むが，物理メモリが不足していてワーキングセットが物理メモリに入り切らない状態が長時間継続する場合，プロセスの実行は非常に遅くなる．

例として，2 つのプロセス $P_1$ と $P_2$ が実行可能で，それぞれのワーキングセットサイズの合計が利用可能な物理メモリのサイズを上回っている場合を考えよう．$P_1$ がスケジューリングされると，すぐに $P_1$ で必要なページをページインするため $P_2$ のページをページアウトし，$P_1$ はブロックする[26]．$P_1$ がブロックするとすぐに $P_2$ にコンテキストスイッチするが，同様に $P_2$ で必要なページをページインするために $P_1$ のページをページアウトし，$P_2$ はブロックする．このように，メモリ不足によってページングが頻繁に発生し，プロセスの実行が進まなくなる状況をスラッシング（thrashing）と呼ぶ．

スラッシングはメモリ不足が解消されるまで続くが，その間，プロセスの実行速度は極度に低下するため，しばらく待っても解消されないことが多い．このため，OS には可能な限りスラッシングに陥らないようにすることが求められる．

以下では，主なページ置換アルゴリズムについて説明するが，実際の OS では，これらをもとに，より複雑なものが使用されている．

## (2) OPT

**OPT**（optimal から）は，これから最も長期間使用されないページを victim ページとして選択するアルゴリズムである．OPT よりページフォールト率が少ないアルゴリズムは存在しないことが証明されている．この意味で，OPT は最適なアルゴリズムといえる．**Belady の MIN アルゴリズム**とも呼ばれる[5]．

さて，ページ置換アルゴリズムに対して，利用可能な物理ページの数と，プロセスの集合が順次参照するページの番号の系列（ページ参照ストリング（page reference string）と呼ばれる）を与えることで，発生するページフォールトの回数を計算することができる．

OPT に対して，次のページ参照ストリングを与えたときの動作を図 **4.6** に示す．物理ページの数は 3 としている．

$$0, 1, 2, 1, 2, 0, 4, 0, 3, 4, 1$$

最初の 3 回のページ参照ではページフォールトが発生し，使用可能な 3 つの物理ページが埋まる．次の 3 回のページ参照は，物理ページ上に存在するページへ

---

[26] ページアウトされる具体的なページはページ置換アルゴリズムに依存するが，ここでは $P_2$ のページを選ぶのが最良の方策である．

| ページフォールト | | p | p | p | | | | p | | p | | |
|---|---|---|---|---|---|---|---|---|---|---|---|---|
| ページ参照ストリング | 0 | 1 | 2 | 1 | 2 | 0 | 4 | 0 | 3 | 4 | 1 |
| 物理ページの内容 | 0 | 0 | 0 | 0 | 0 | 0 | 0 | 0 | 3 | 3 | 3 |
| | − | 1 | 1 | 1 | 1 | 1 | 1 | 1 | 1 | 1 | 1 |
| | − | − | 2 | 2 | 2 | 2 | 4 | 4 | 4 | 4 | 4 |

図 **4.6** OPT アルゴリズムによるページ置換の実行例

の参照であるため，ページフォールトは発生しない．続くページ 4 への参照では，ページ置換が必要となる．この時点で，物理ページ上にあるページ 0, 1, 2 のうち，最も長期間使用されないページはページ 2 であるため（ページ 0 は 1 つ先，ページ 1 は 4 つ先で参照される），ページ 2 を victim ページとして選択する．このとき，全体のページフォールト回数は 5 回になる．

OPT は最適なページ置換アルゴリズムであるが，実行時に未来のページ参照情報を必要とするため（このため**千里眼アルゴリズム**とも呼ばれる），現実的には実装不可能である．このため，OPT はほかのページ置換アルゴリズムとの比較のために使用される．

**(3) LRU**

OPT が今後，最も長期間使用されないページを置換対象とするのに対し，**LRU**（least recently used）はいままで最も長期間使用されていないページを置換対象とするアルゴリズムである．これは，最近使っていないページはこれからも当面使わないであろうという予測にもとづいている．LRU は過去の情報だけを使用するため，OPT と違って実装可能である．

比較的近い未来と過去では，参照するページ集合は大きく変化しない場合が多いため，LRU は OPT の近似と考えることができる．

LRU を上記のページ参照ストリングに適用した例を図 **4.7** に示す．図 4.7 の物理ページは，最も直近にアクセスされたページを一番上とするスタックとしている．このため，ページ置換が必要になったときの victim ページはスタックの底にあるページとなる．例えば，ページ参照ストリングの 7 番目，ページ 4 を参照する際は，直前のスタックで底にあるページ 1 を victim ページとして選択する．この例における LRU のページフォールト回数は 6 回である．

LRU を正確に実装しようとすると，メモリを参照するたびにアクセスしたペー

| ページフォールト | p | p | p |   |   |   | p |   | p |   | p |
|---|---|---|---|---|---|---|---|---|---|---|---|
| ページ参照ストリング | 0 | 1 | 2 | 1 | 2 | 0 | 4 | 0 | 3 | 4 | 1 |
| 物理ページの内容（スタック） | 0 | 1 | 2 | 1 | 2 | 0 | 4 | 0 | 3 | 4 | 1 |
|  | − | 0 | 1 | 2 | 1 | 2 | 0 | 4 | 0 | 3 | 4 |
|  | − | − | 0 | 0 | 0 | 1 | 2 | 2 | 4 | 0 | 3 |

図 4.7　LRU アルゴリズムによるページ置換の実行例

ジの情報を記録する必要がある．この方法の1つに，配列（あるいはページテーブルエントリ）にそれぞれのページのアクセス時刻を格納するというものがある[27]．新たな物理ページが必要となった場合は配列を走査し，アクセス時刻が最も古いページを選択する．

別の方法として，直近にアクセスされた順にソートされたページの連結リストを使用するというものがある．メモリアクセスのたびに連結リスト中のページを先頭に移動させる．新たな物理ページが必要となったときには，連結リストの末尾のページを選択する．

しかし，いずれの方法もメモリアクセスのたびに実行するのはコストが大きく現実的ではない．このため，LRU は後述する方法によって近似的に実装される．

LRU は多くの場合よい結果が得られるが，ある種のアクセスパターンに対しては非常に悪い結果が得られることが知られている．典型的な例は，物理メモリに入り切らないほど巨大な配列を1回，あるいは複数回，先頭から末尾まで走査する場合である．このとき，配列以外の領域は物理ページから追い出され，また，物理ページ上にある配列は二度と参照されない．これらを改善するアルゴリズムとして，一度だけアクセスされたページと，複数回アクセスされているページを別々のキューで扱う ARC[2] や 2Q[3] などがある．

**(4) NRU**

NRU（not recently used）は LRU と同様，最近使われていないページを破棄するアルゴリズムであるが，ページの参照順序を厳密には記録しないようにすることで，実装を容易にしている．NRU は，ページテーブルエントリの参照ビットと変更ビットを使用し，次のように動作する．

OS はタイマ割込みを用いて，一定間隔ですべてのページテーブルエントリの参

---

[27] ナノ秒単位などの細かい粒度が必要である．

表 4.1 NRU におけるページの優先度

| 参照ビット | 変更ビット | 状　態 | 優先度 |
|:---:|:---:|---|:---:|
| 0 | 0 | (前回クリアしてから) 参照されていない. また変更もされていない. | 3 |
| 0 | 1 | 参照されていないが変更されている (ページアウトが必要). | 2 |
| 1 | 0 | 参照されているが, 変更はされていない. | 1 |
| 1 | 1 | 参照も変更もされている. | 0 |

照ビットをクリアする. 新しい物理ページが必要になった場合は, すべてのプロセスのページテーブルエントリを走査し, 最も優先度が高いページを victim ページとして選択する (そのようなページが複数あればランダムに選ぶ).

ここで, ページの優先度は, 対応するページテーブルエントリの参照ビットと変更ビットの値によって表 4.1 のようになっている.

これは, 参照ビットが 1 のページ (最近参照されているページ) よりも 0 のページを優先して選ぶべきであり, 参照ビットの値が同一ならば, 変更ビットが 1 のページ (ページアウト処理が必要) よりも, 0 のページを優先して選ぶべきであるという考え方にもとづいている.

NRU は LRU と異なり容易に実装できるが, ページ参照の順序はわからないため, LRU よりもページフォールト率は高くなる.

(5) クロックアルゴリズム

クロックアルゴリズム (clock algorithm) は, 物理ページの集合をリング状のバッファと見なして管理するページ置換アルゴリズムである. このアルゴリズムは, リングを時計の針のように回るポインタを使用して走査する.

新しい物理ページが必要になると, ポインタが指す先のページに対応する参照ビットをチェックする. 参照ビットが 0 の場合, そのページを置換の対象とする. 1 の場合, このビットを 0 に設定してから, ポインタを次のページに進める. この処理を参照ビットが 0 のページを見つけるまで繰り返すと, 一度走査したページは参照ビットを 0 にするため, 最悪の場合でもポインタが 1 周する間に参照ビットが 0 のページが見つかる.

クロックアルゴリズムはポインタが 1 周する間にアクセスされたページは優先

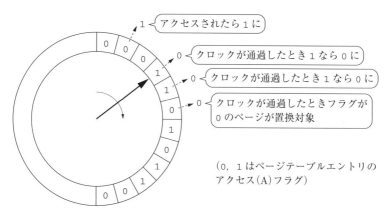

図 **4.8**　クロックアルゴリズムの模式図

| ページフォールト | p | p | p | | | | p | p | p | | p |
|---|---|---|---|---|---|---|---|---|---|---|---|
| ページ参照ストリング | 0 | 1 | 2 | 1 | 2 | 0 | 4 | 0 | 3 | 4 | 1 |

物理ページの内容（クロック）

$$0 \quad 0 \to 0 \to 0 \to 0 \to 0^* \quad 4 \quad 4 \to 4 \to 4^* \quad 4$$
$$\to - \quad 1 \quad 1 \quad 1^* \quad 1^* \quad 1^* \to 1 \quad 0 \quad 0 \quad 0 \quad 1$$
$$- \to - \quad 2 \quad 2 \quad 2^* \quad 2^* \quad 2 \to 2 \quad 3 \quad 3 \to 3$$

図 **4.9**　クロックアルゴリズムによるページ置換の実行例
（矢印はポインタの位置を，$*$ が付いたページ番号はそのページの参照フラグが
1 であることを示す）

して残すため，LRU の近似となっている．この間にアクセスされたページには生き延びるチャンスが与えられることから，**セカンドチャンスアルゴリズム**（second chance algorithm）とも呼ばれる．

　図 4.9 に，クロックアルゴリズムを上記のページ参照ストリングに適用した結果を示す．図中の矢印はポインタの位置を，また $*$ が付いたページ番号は，そのページの参照フラグが 1 であることを示す．いま参照ストリングの 7 番目，ページ 4 を取得するとする．直前の状態のポインタの位置（0）から順に $*$ が付いていないページを探す．ポインタを移動する際，ページの $*$ は消す．この例ではすべてのページに $*$ が付いているためポインタは 1 周し，最初に見つかる $*$ の付いていないページはページ 0 となる．これが置換の対象となる．この例におけるページフォールト回数は 7 回である．

クロックアルゴリズムは BSD UNIX などで使用されていたが，LRU と同様の欠点があり，いくつかの改良版が知られている．**Clock-Pro**[4] はページを最近一度だけアクセスされたページ（cold page）と，2 回以上アクセスされたページ（hot page）に分類し，これを 1 つのリングと 3 つのポインタで管理するアルゴリズムである．幅広い状況で LRU よりもよい性能を示すことが知られており，Linux やNetBSD で採用されている．

## 4.4　動的リンク

仮想記憶の応用の 1 つに動的リンクがある．これは，実行プログラムをライブラリと結合する処理を，実行ファイルの生成時ではなく，実行時に行うものである．静的リンク（3.1 節 3.）は単純で扱いやすいが，以下の欠点がある．

- 静的リンクされた実行ファイルはファイルサイズが大きく，補助記憶装置の容量を消費する．これは，静的リンクされた実行ファイルにはプログラムが直接使用するライブラリ関数以外に，ライブラリ関数が使用するほかのライブラリ関数の実体まで（再帰的に）含まれるためである[28]．OS の標準ライブラリはほぼすべての実行ファイルにリンクされるため，ほぼすべての実行ファイルにライブラリ関数のコピーが含まれることになる．
- 静的リンクでは，同時に実行される複数のプロセスが同一のライブラリを使っていたとしても（OS の標準ライブラリなど），ライブラリの関数は別々に実行ファイルに埋め込まれるため，物理メモリを共有することができない．
- 静的リンクでは，ライブラリにバグがあったとき，ライブラリを更新後，そのライブラリをリンクしているすべての実行ファイルをリンクし直す必要がある．そのためには，各実行ファイルのもとであるソースファイルかオブジェクトファイルが必要であり，現実的には困難な場合が多い．

これらの問題は動的リンクにより解決される．動的リンクでは実行ファイルに

---

[28] C 言語のプログラムで，main 関数から printf 関数を呼び出すだけのプログラムでも，Linux で静的リンクすると実行ファイルは数百 KB 程度になる．

ライブラリ関数の実体を含まず，プログラム実行時にメモリ上でライブラリと結合する．これにより，実行ファイルはコンパクトになる[29]．また，複数のプロセス間でメモリ上の動的ライブラリを共用できるため，消費メモリを抑えられる．さらに，ライブラリを更新しても，実行ファイルまで修正する必要はない．

動的リンクのためのライブラリを**共有ライブラリ**（shared library），あるいは**動的ライブラリ**（dynamic library），**動的リンクライブラリ**（dynamic link library）という．Windows では **DLL** と略されることが多い．また，Unix 系 OS では **Shared Object** とも呼ばれる．

動的リンクでは，使用する共有ライブラリを切りかえることで，実行ファイルを変更することなくプログラムの動作を変更したり（通常の共有ライブラリと，デバッグ用にログを出力する共有ライブラリとを切りかえるなど），実行環境の違いを吸収するといったことも可能である[30]．

動的リンクの欠点としては以下があげられる．

- 実行時に動的リンク処理を行うためのオーバヘッドが発生する．
- 動的リンクを用いたプログラムは，参照している共有ライブラリがないと実行できない．
- 共有ライブラリに対して互換性のない変更を行うと（関数名や引数，戻り値を変更するなど），リンクしている実行ファイルが正常に動作しなくなる[31]．

このような欠点はあるものの，一般的には利点のほうが大きいため，現在ではほとんどのライブラリは動的リンクによってリンクされている．

## 1. 共有ライブラリ

共有ライブラリは実行ファイルと基本的には同一の構造をもち，実行ファイル

---

[29] [28]の例は動的リンクでは，実行ファイルのサイズは数 KB 程度になる．

[30] Windows では，バージョンによってシステムコール番号が変化するが，これは共有ライブラリによって吸収されている．

[31] このため，共有ライブラリはバージョン管理が必要となる．共有ライブラリにバージョン番号を付与し，また実行ファイルにはリンクする共有ライブラリのバージョン番号を記録しておく．動的リンクの際は，同一バージョン番号の共有ライブラリを使用する．共有ライブラリに互換性のない変更を行う場合はバージョン番号を変更する．

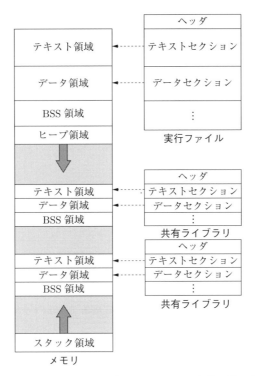

図 4.10 プロセスの構造（共有ライブラリを使用する場合）

と同じようにメモリ上に配置して実行できるようになっている．共有ライブラリ
は，実行ファイルのロード時，あるいは実行時に，**動的リンカ**（dynamic linker）
（**ランタイムリンカ**（runtime linker）ともいう）と呼ばれるプログラムによって，
プロセスのアドレス空間内で重ならないように配置（ロード）される（実際は，メ
モリマップトファイル機能（5.2 節 3. 参照）を用いて，デマンドページングによ
りロードされる）．なお，動的リンカは Windows のようにカーネル内に実装され
る場合と，多くの Unix 系 OS のようにカーネル外（ユーザ側）に実装される場合
がある．

　実行ファイルが複数の共有ライブラリを動的リンクしたり，ある共有ライブラ
リがさらに別の共有ライブラリと動的リンクすることは一般的である．この場合，
アドレス空間内に複数の共有ライブラリが配置される（図 4.10 参照）．

　共有ライブラリは任意のベースアドレスで動作する必要がある．すなわち，リロケータブル（3.1 節 3. 参照）である必要がある．プログラムをリロケータブルとする方式として位置独立コードを用いる方法と再配置を行う方法があるが，前者は複数のプロセス間でメモリ上の共有ライブラリを共有できるのに対し，後者は再配置によって機械語プログラムが変更されるため，メモリ上の共有ライブラリを共有することができない．Unix 系 OS の共有ライブラリでは一般的に位置独立コードが用いられている．Windows の DLL では，x86 版では再配置を行っていたが，x64 版では位置独立コードを用いるようになっている．

　共有ライブラリは，外部から呼び出せるように，公開する（すなわち，実行ファイルやほかの共有ライブラリから参照できる）関数のシンボルとアドレス[32]の対応表をファイル中のシンボルテーブルなどに保持する．

## 2.　共有ライブラリ内の関数呼出しの方法

　機械語プログラムで関数（サブルーチン）を呼び出すためには，関数のアドレスが必要であるが，共有ライブラリ内の各関数のアドレスは，次の理由によりプログラムの実行時まで確定しない．

i)　　共有ライブラリが配置される仮想アドレスが実行時に決まる．

ii)　　共有ライブラリは実行ファイルを作成した後で修正される可能性がある（機能追加やバグ修正などのため）．

　これらの理由で実行ファイルに共有ライブラリ内の関数のアドレスをあらかじめ記入しておくことができないため，共有ライブラリ内の関数の呼出しは，メモリ上のテーブル（ここではアドレステーブルと呼ぶ[33]）を介して間接的に行う[34]．アドレステーブルには，実行ファイルから呼び出すすべての共有ライブラリ関数に対して対応するエントリを設けておく．

　アドレステーブルのエントリの内容はプログラムのロード時あるいは実行時に

......................................................

[32] 実際はベースアドレスを起点とする相対アドレス．

[33] これは一般的な名称ではない．このテーブルは，Windows では IAT（import address table），Unix 系 OS では GOT（global offset table）と呼ばれている．

[34] アドレステーブルは共有ライブラリにも存在する．これは，共有ライブラリから別の共有ライブラリ内の関数を呼び出す際に使用される．

（共有ライブラリが配置される仮想アドレスが確定した後で）書き込む．例えば，実行ファイルが共有ライブラリ内の printf 関数を参照している場合，実行時に共有ライブラリのシンボルテーブルを検索して共有ライブラリ内の printf 関数のアドレスを求め，アドレステーブルの printf に対応するエントリに書き込む．この処理も動的リンカの担当である．

共有ライブラリ関数を呼び出す側では，アドレステーブルの対応するエントリを参照し，書かれているアドレスを呼び出すようにしておく（printf 関数を呼び出す場合，アドレステーブル内の printf に対応するエントリを参照する）[35]．

このようにアドレステーブルを介して呼び出すのは，共有ライブラリ関数を呼び出す側の機械語プログラムをメモリ上で書き換える（関数のアドレスを書き込むなど）必要性をなくし，テキスト領域を複数のプロセスで共有できるようにするためである．これによって，特に共有ライブラリのテキスト領域もプロセス間で共有できるため，使用する物理メモリを大幅に削減できる[36]．

共有ライブラリのシンボルテーブルを検索してアドレステーブルの各エントリを埋める処理は，実行するタイミングによって2つの方式がある．

- プログラムの実行開始時に，すべてのエントリを埋める方式（ロード時バインディング（load-time binding）という）．
- 共有ライブラリ内の関数が最初に呼び出されたときに対応するエントリを埋める方式（遅延バインディング（lazy binding）という）．

ロード時バインディングは遅延バインディングよりもプログラムの実行開始が遅くなる．また，一般的に1回のプログラム実行ですべてのエントリを使用するわけではないため，一般的にはロード時バインディングよりも遅延バインディン

---

[35] コンパイラがこのような機械語を出力する場合と，静的リンカが出力する場合がある．前者では呼び出す関数が共有ライブラリ関数かどうかによってコンパイラは異なる機械語を生成する．後者では，例えば共有ライブラリ内の printf 関数を参照している場合，静的リンカが printf に対応する小さい機械語プログラムを生成し，この小さいプログラムがアドレステーブルの printf に対応するエントリを参照して共有ライブラリ内の printf を呼び出す．前者の方式は Windows が，後者の方式は主な Unix 系 OS が採用している．

[36] ほとんどのプログラムは OS の標準ライブラリを動的リンクしている．これらが複数同時に実行されている場合，標準ライブラリは物理メモリ上で共有される．

グのほうが好まれる[37].

### 3. 明示的な動的リンク

　ここまで述べてきた動的リンクは実行時に暗黙に行われるものであったが（暗黙的リンク（implicitly link）という），プログラムから API を呼び出すことで明示的に動的リンクを行うこともできる（明示的リンク（explicitly link）という）.

　明示的リンクを用いると，プログラムから必要に応じて指定した共有ライブラリをロードし，ライブラリ内の関数を呼び出すことができる. ただし，ライブラリ内の関数を実行するためには，関数のシンボル名を指定して関数のアドレスを取得し，関数ポインタを介して呼び出す必要がある.

　明示的リンクを使うと，以下のようなことができる.

- アプリケーションプログラムの実行環境に合わせて動的リンクする共有ライブラリを選択することで，アプリケーションプログラムの動作を変更する.
- 設定ファイルなどで指定された共有ライブラリを読み込み，あらかじめ定義したインタフェースにしたがって内部の関数を呼び出すようにしておくことで，アプリケーションプログラム自体を変更することなく，拡張やカスタマイズを行う（プラグインなど）.

## 4.5　共有メモリの実現

　ここでは，プロセス間通信機構の 1 つである共有メモリ（3.4 節 3.）の実現法について述べる.

　物理記憶ベースのシステムではプロセスどうしのメモリが隔離されていないため，共有メモリの実現は難しくない. 物理アドレス空間上に適当な領域を確保し，そのアドレスの情報をプロセス間で共有すればよい.

　一方，仮想記憶を使用するシステムでは，プロセスどうしのメモリが隔離されているため，次のようにする. 以下，ページング機構を仮定する.

........................................

[37] Unix 系 OS では一般的に遅延バインディングである. Windows ではロード時バインディングが使われていたが，最近の Microsoft コンパイラは遅延バインディングもサポートしている.

　まずシステムコールによって共有するための物理メモリ（共有メモリセグメント（shared memory segment）と呼ばれる）を確保する．各共有メモリセグメントは名前や整数値などの何らかの識別子によって区別される．

　次に，各プロセスはシステムコールによって，指定した共有メモリセグメントを自身の仮想アドレス空間中の空き領域にマップする（図 4.11 参照）．これは，プロセスのページテーブルを修正し，空き領域に対応するページテーブルエントリが当該共有メモリセグメントの物理メモリアドレスを参照するように設定することで実現する．

　なお，複数のプロセスが同じ共有メモリセグメントを使用する場合でも，マップする仮想アドレスは同一とは限らない．

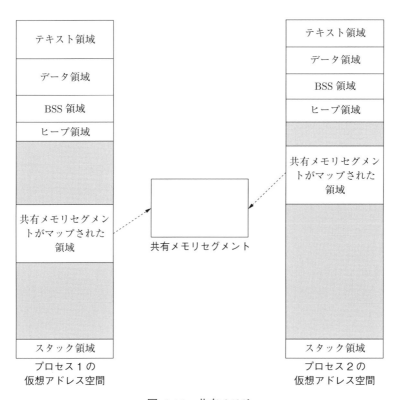

図 4.11　共有メモリ

—配置アドレスのランダム化—

ネットワーク上のサーバなどを攻撃するサイバー攻撃では，攻撃者は攻撃対象プロセスのメモリ上での配置を知っていると有利である．例えば，バッファオーバフロー攻撃では，攻撃者はプロセスのスタックポインタの値を推定する必要がある．

このような攻撃に対する対抗手段の 1 つとして，テキスト，データ，ヒープ，スタック，共有ライブラリなどの領域を配置するアドレスをプログラムを起動するたびにランダムに変更する，**ASLR**（address space layout randomization）と呼ばれる手法がある．ASLR は現代の主要な OS の標準機能となっている．

# 演習問題

1. 次のページ参照ストリングを与えたときの，OPT，LRU，クロックアルゴリズムによるページフォールト回数を求めよ．ただし，物理ページの数は 3 とする．

   (1) 0, 1, 2, 1, 2, 0, 4, 1, 2, 3, 2

   (2) 0, 1, 2, 3, 0, 1, 2, 3, 0, 1, 2

2. 内部断片化と外部断片化の違いを説明せよ．

3. x64 プロセッサを使用しているシステムで，プロセスに 64 GB の仮想アドレス空間を割り当てる場合，各レベルのページテーブルはいくつずつ必要か（ページサイズは 4 KB で計算せよ）．

# 第5章
# ファイルシステム

　ファイルシステムとは，簡単にいえば，OS がファイルを管理する機能である．

　ファイルとして，補助記憶装置などの（電源が失われても消失しない）不揮発性の外部媒体でデータの管理を行えば，安定して継続的な記憶が実現できる．

　ただし，ディスク装置（hard disk drive; HDD）や SSD（solid state drive）などの補助記憶装置のしくみはメモリとはかなり異なるため，ファイルシステムには，これらの特性に合わせた効率的な管理方法が必要になる．

## 5.1　ファイルシステムとは

　ファイルシステムは，OS がファイルを管理する機能，いいかえれば，OS が補助記憶装置に保存されているファイルを利用するための方法を提供する．ファイルシステムによって補助記憶装置を抽象化して，データをファイルとして保存したり，取り出したりできるようにする．

　補助記憶装置は一般的にパーティション（partition，区画）と呼ばれる区画を作成して使用されるので，ファイルシステムもまたパーティション上に作成される（図 **5.1**（a））．複数の物理的な補助記憶装置をストレージプール（5.6 節 3. 参照）として，1 つの大きな補助記憶領域とすることもできる．その場合は，パーティションのサイズは 1 つの物理的な補助記憶装置の容量を超えることができる（図 5.1（b））．

　そして，パーティション上で，それぞれのファイルを保存するファイル領域が

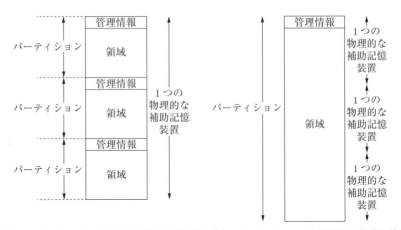

（a）パーティション＜物理的な補助記憶装置　（b）パーティション＞物理的な補助記憶装置

図 **5.1**　パーティションと物理的な補助記憶装置の関係

割り当てられ，ファイルとディレクトリ情報が格納される．また，関連する情報（名前，場所，サイズ，タイプなど）も保存される．このようにしてパーティションは論理的な補助記憶装置[*1]とみなすことができるようになる．

　多くはパーティション上に OS で扱うことのできるファイルシステムを作成して利用する[*2]．ファイルシステムはファイルを管理する機能であるが，また，ファイルを格納する用途で，パーティション上に作成された記憶のためのデータ構造もファイルシステムと呼ばれる．この意味でのファイルシステムをパーティション上に作成することを**論理フォーマット**（logical format）という．ただし，ファイルシステムを作成すると管理領域がとられるため，記憶に利用できる容量（**論理容量**（logical volume））は，**物理容量**（physical volume，**パーティションサイズ**）に比べてやや減少する．

## 5.2　ファイル

ファイルはデータやプログラムを格納するための名前付けられた論理的な単位

---

[*1] ボリューム（volume）とも呼ばれる．
[*2] 補助記憶装置やパーティションを直接的に生（raw）の状態で扱うプログラムもあるが，一般的な利用法ではない．

であり，ファイルの名前，所有者，作成された日時，ファイルサイズ，アクセス許可の情報などの属性をもつ．

## 1. ファイル名

　ファイル名に許容される文字は，個々のファイルシステムによって異なるが，一般的には英数字，特殊文字（#や！など）だけでなく，**Unicode** に含まれる各国の文字（仮名，漢字を含む）が使用できることが多い．なお，英字の大小文字が区別されるかどうかや，ファイル名に使用できない文字，ファイル名の長さの制限については，ファイルシステムごとに異なる．

　また，hello.c のようにピリオドで区切られた名前を使うファイルシステムでは，ピリオドの後ろで個々のファイルの種類を表すことが多い．このピリオドの後ろの部分を拡張子（file name extension）という．hello.c.gz のようにピリオドを 2 ないしそれ以上もつ場合，最後のピリオドの後ろを拡張子とみる．なお，現在の OS では，拡張子は単なるファイル名の一部に過ぎず，拡張子の扱いは個々のアプリケーションプログラムに任されている．

## 2. ファイル構造

　ファイルは一般に，図 **5.2** に示す 3 つのいずれかの構造となっている．

　（a）は，最も単純な構造で，バイトの並びのままのファイルである．利用はそれを扱うアプリケーションプログラムにまかせている．見方を変えれば，アプリケーションプログラムに融通性を与えているといえる．

　（b）は，レコードの並びの構造をしたファイルである．こうすると，OS はレコードをファイルの処理単位とすることができ，メインフレーム（1.3 節 1. 参照）で用いられていた．

　（c）は，データの集まりを構造にしたファイルである．つまり，ファイルのアイコンの位置や画像，ファイルのダウンロード元を含む任意の複数の情報をもたせている．こうすると，OS 自身やアプリケーションプログラムにおいて個々のファイルの内容をそれぞれに解釈することが可能になる[3]．

................................................

[3] macOS の（マルチフォーク（multifork）と呼ばれ，複数の属性をもつ）ファイルや Windows OS の代替データストリームもこの構造をとっている．

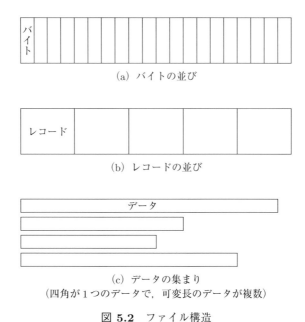

(a) バイトの並び

(b) レコードの並び

(c) データの集まり
(四角が1つのデータで，可変長のデータが複数)

図 **5.2** ファイル構造

## 3. ファイルの操作

### (1) システムコールによる操作

　アプリケーションプログラム，あるいはプロセスから個々のファイルを操作するにはシステムコールを実行する．これによって，個々のファイルに対して表**5.1**に示すような各種の操作を行うことができる．

　**OPEN** を実行すると，後述のディレクトリ（5.3節参照）から OPEN するファイルの管理情報を検索して，OS の管理するファイルテーブルにエントリを追加する．それはファイルハンドルとして以降のファイル操作に使われる．現在の位置（後に続く操作の対象）を 0（先頭）にセットする．また，**CLOSE** を実行すると，ファイルへの操作を終了することができる．なお，これを実行しなくてもプロセスの終了とともにファイルは自動的に閉じられる．作業領域は有限であるから，同時に OPEN を実行できるファイル数には上限がある．

　**READ** を実行すると，現在の位置から指定されたバイト数だけ，プロセスのアドレス空間内の指定された領域に読み出す．これによって現在の位置は読み出されたバイト数だけ先に進む．**WRITE** も基本的には READ と同様であるが，現

表 5.1 システムコールによるファイルの操作例

| システムコール | 操作内容 |
|---|---|
| CREATE | 空のファイルを作成し，データの書き込みに備える． |
| DELETE | ファイルを削除する． |
| OPEN | ファイルの使用に先立ち，ファイルシステム上での場所などの情報を読み出す． |
| CLOSE | OPEN したファイルを閉じる． |
| READ | ファイルからメモリにデータを読み出す． |
| WRITE | メモリからファイルにデータを書き込む． |
| APPEND | ファイルの最後にデータを追加する． |
| SEEK | 続く READ や WRITE 操作で対象とするファイルの位置を意図的に移動させ，直接アクセス（5.2 節 4. 参照）を行う． |
| COPY | ファイルをコピーする[4]． |
| GET ATTRIBUTE | ファイルの属性（サイズ，作成時刻，所有者，保護モードなど）を読み取る． |
| SET ATTRIBUTE | ファイル生成後に，ユーザが設定可能な属性を変更する． |
| RENAME | 既存のファイルの名前を変える． |

在の位置がファイルの最後の場合，READ を実行してもそれ以上，先に進むことはないのに対して，WRITE を実行するとその分，ファイルが大きくなる（＝成長する）．なお，**SEEK** を実行する際の位置の指定方法は，現在の位置，先頭，あるいは末尾からのオフセット（ずれ）で表すのが一般的である．SEEK を実行した後に READ，または WRITE を実行すると，SEEK で設定された現在の位置から実行される．

**(2) 補助記憶装置へのアクセス**

ファイルの操作において，OS が補助記憶装置を読み書きするときはブロック（block）を単位として行う．すなわち，ブロックは OS から見た転送の最小単位である．したがって，ファイルは，メモリ上に確保されるバッファにおいて，ブロック単位で処理される[5]．

..................................................

[4] READ と WRITE を組み合わせたプログラムで処理するより，メモリコピーが削減できて効率がよい．

[5] 補助記憶装置における転送の最小単位はセクタだが，OS は複数の隣接するセクタをまとめてブロックとして扱っている（6.7 節 1. 参照）．

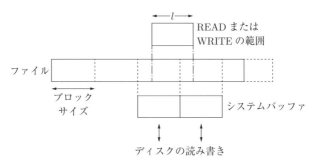

図 **5.3** 補助記憶装置へのアクセス

例えば，図 **5.3** のように，あるファイルの現在位置から $l$〔B〕を読み出す場合には，この $l$〔B〕を含むブロックをいったんバッファにおき，その中から要求された部分をプログラムに渡す（指定された領域にコピーする）．また，あるファイルの現在位置から $l$〔B〕を書き込む場合には，書き込みに先立ちバッファにいったんブロックを読み出し，ブロック中に上書きされる部分とされない部分が生じないようバッファ上で編集してから補助記憶装置に書き込む．

**(3) メモリマップトファイル**

READ や WRITE のシステムコールを実行する方法以外にも，メモリマップトファイルの機能を用いてファイルを操作することができる．メモリマップトファイル（memory mapped file）とは，ページング機構（4.3 節 1. 参照）を用いてプロセスの仮想アドレス空間内の領域に指定したファイルをマップする機能であり，この機能を用いると，メモリを読み書きすることで，ファイルの読み書きが可能である．

プロセスはシステムコール（Unix 系 OS では mmap，Windows では Create-FileMapping など）によって，仮想アドレス空間の空いている（あるいは指定した）領域を指定したファイルにマップするようにカーネルに要求し，これに応じてカーネルがマッピングする．

メモリマップトファイルでは，ファイルの読み書きはデマンドページング（4.3 節 3. 参照）によって行われるので，基本的にメモリを読み書きしたページだけ，ファイルの読み書きが行われる．このとき，物理ページとしては，ファイルシステムのキャッシュをそのまま使用する．このキャッシュをページキャッシュ（page cache)（6.9 節参照）という．メモリマップトファイルによるファイル操作のほうが，READ，WRITE などのシステムコールを用いたファイル操作よりも一般的に効率的である．プロセスがファイルを読み込むときでも，前者では（いったんマッピングを設定したら）プロセスはマッピングしたページキャッシュを直接読めるのに対し，後者では READ を実行し，バッファキャッシュからプロセスのデータ領域に一度コピーしなければならない．この違いは，特に読み書きするデータサイズが大きい場合に顕著となる．

　なお，プログラムを実行する際には，デマンドページングによって実行ファイルをメモリへ配置する必要があるが，この処理も実行ファイルをメモリマップトファイルによって仮想アドレス空間内にマッピングすることで実現することが一般的である．

### 4. アクセス法

　OS 分野においては，補助記憶装置に情報を書き込んだり，内容を読み出すことを，アクセス（access）という．ここでは，2 つのアクセス方法を紹介する．

**(1) 順アクセス**

　順アクセス（sequential access）とは，ファイルを先頭から末尾に向かってアクセスすることをいう．なお，前後に指定された量だけスキップ（SKIP），また先頭に戻す（REWIND）ことは可能である．

　アクセス方法の中で，最も制限のあるものであるが，読み出し（READ）と書き込み（WRITE）の実行ではよく利用される．順アクセスは，記憶媒体がテープのような線状の場合には自然な方法である．

**(2) 直接アクセス**

　直接アクセス（direct access）は，ファイルの任意の位置にアクセスする方法である．

　ディスク装置（図 5.4）や SSD のような補助記憶装置であれば，この方法が可能（6.7 節 1. および 6.8 節参照）であり，その場合，順アクセスより自由度が高く効率的である．具体的には，SEEK $l$ のようにして，現在のファイルの位置を強制的に $l$ だけ進めてから，READ あるいは WRITE を実行する[6]．

---

　[6] ここでいうファイルの位置とは，補助記憶装置の絶対的な位置ではなく，ファイルの先頭を 0 とした相対位置のことである．

図 **5.4**　ディスク装置の内部

## 5.3　ディレクトリ

　ディレクトリとは，ファイルの名前や後述の管理情報を格納するための構造であり，フォルダとも呼ばれる．一般に，1つのディレクトリに複数のファイルが属しており，いわば，ディレクトリとファイルは，親（ディレクトリ）と子（ファイル）の関係にある．

　さらに，ディレクトリを階層化すると，上位のディレクトリと下位のディレクトリ間も親子の関係になる．この場合，親ディレクトリは，（ファイルが子である場合と同様に）子ディレクトリの名前や管理情報をもつようになる．

　各ディレクトリに格納されている管理情報は，ファイル名，ファイルの属性，補助記憶装置のアドレス[7]の3つ，あるいはファイル名と補助記憶装置のアドレスの2つの，いずれかである（5.5節3.参照）．

　そして，ファイルをOPENする際には，先に親ディレクトリを探索し，OPENするファイルの属性と補助記憶装置のアドレスがメモリに読み出される．

### 1.　ディレクトリ構造

　1つのディレクトリの下にすべてのファイルを同列におくと図**5.5**の（a）に示すとおりの単一レベルの構造となる．一方，ディレクトリを複数設けて，ファイルを整理すれば，（b）の2階層，さらには（c）の木構造になる．一般的には木構造が用いられることが多い．

......................................................

[7] 補助記憶装置の場所をブロック番号で表したもの．

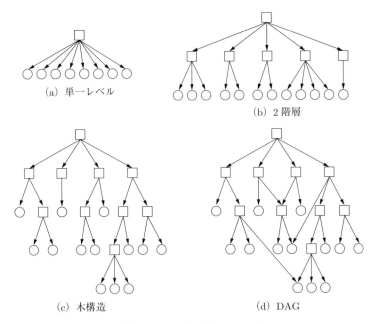

(a) 単一レベル

(b) 2 階層

(c) 木構造

(d) DAG

図 **5.5** ディレクトリの構造

　また，木構造にリンクを追加し，閉路のないグラフ構造（directed acyclic graph；**DAG**，図 5.5（d））とすることができる OS もある.

　なお，システムに複数のファイルシステムがある場合，Unix 系 OS ではファイルシステムのルートディレクトリをほかのファイルシステムのディレクトリに接続するマウント機能で，1 つの階層化したディレクトリにまとめる（7.1 節 3. 参照）．一方，Windows では，ドライブごとに階層化したディレクトリを構成している[8].

## 2. パス指定，リンク

　ディレクトリによって整理されたファイルの中から目的のファイルを指定する方法をパス指定という.

　絶対パス名（absolute path name）は，最上位のディレクトリであるルートディレクトリからのパスをすべて指定するパス指定である. 例えば，図 **5.6** の `hello.c`

........................................

[8] Windwos 8.1 以降では，diskpart コマンドでマウントもできる.

図 **5.6**　パス指定

であれば，各ディレクトリ名を / で区切って表し，/usr/home/foo/hello.c
となる．なお，Windowsの場合は，区切りに / のかわりに \ を用いている[9]．

　相対パス名（relative path name）は，現在（作業中）のディレクトリからの位置を
指定するパス指定である．これを用いると，例えば現在のディレクトリ（current di-
rectory）が/usr/home/foo である場合，絶対パス名では/usr/home/foo/doc/
intro.txt と指定する必要があるファイルに対して，doc/intro.txt とする
だけで指定できる．

　ただし，絶対パス名であればすべてのファイルを上から下に順を追って指定す
ることができるが，相対パス名では，場合によっては現在のディレクトリより上の
ディレクトリを指定する必要が生じる．このために，相対パス名では，. で現在
のディレクトリを，.. で親（1階層上）のディレクトリを表すしくみとなってい
る．さらに，../../ であれば2階層上のディレクトリに戻ることになる．各ファ
イルやディレクトリは，1つの絶対パス名と複数の相対パス名をもつことになる．

　リンクは，各ファイルやディレクトリを別のディレクトリから参照するしくみ
である．これには，パス指定を利用するソフトリンク（soft link）と，ファイルや
ディレクトリのi–ノード（7.2節 1. 参照）などの管理情報を利用するハードリン
ク（hard link）がある．ソフトリンクは，シンボリックリンク（symbolic link），
エイリアス（alias），ショートカット（short cut）とも呼ばれる．

　ファイルやディレクトリの管理情報はパーティションごとにつくられるので，

[9] 日本語 Windows では，\のかわりに ￥ で表示される．

表 5.2 システムコールによるディレクトリ操作

| システムコール | 操作内容 |
|---|---|
| CREATE | ディレクトリを作成する. |
| DELETE | ディレクトリを削除する. |
| OPENDIR | ディレクトリを開く. |
| CLOSEDIR | ディレクトリを閉じる. |
| READDIR | 次のディレクトリのエントリを読み出す. |
| RENAME | ディレクトリの名前を変更する. |

ハードリンクは同じパーティション内でしか使用できない. 対して, ソフトリンクではパーティションをまたぐ設定ができるだけでなく, 存在しないディレクトリやファイルにまでリンクを設定することができる.

### 3. ディレクトリ操作

ファイルと同様, ディレクトリに対しても操作するためのシステムコールが用意されている. Unix 系 OS の場合の例を表 5.2 に示す.

ディレクトリを CREATE で作成すると, まず初期値として . と .. の 2 つのエントリ (開始アドレス) が作成される. また, DELETE で削除するときにこの初期値 ( . と .. ) 以外のエントリがあると, ミス防止のために削除できないようになっている. 表 5.2 にあげたもの以外にも, ディレクトリ情報の読み出しや設定などのためのシステムコールがある.

## 5.4 ファイルの保護

システムには, ファイルをはじめとして, 保護対象となる多くのオブジェクト, あるいは資源が存在する. これらのオブジェクトや資源にはそれぞれ名前が付けられ, 個々に可能な操作が決められている. このしくみによって, オブジェクトが同じでも, プロセスごとに可能な操作を制限することができるようになっている.

例えば, 一般のユーザのプロセスが, 管理ユーザと同じ権限でシステムの管理情報を消去できたり, 書き換えたりできるとシステムの管理が難しくなる. また, あるユーザがほかのユーザあてのメールを読んだり消したりできてはシステムの信頼性が大きく損なわれることになる.

表 **5.3** 保護マトリックスの例

|  | ファイル1 | ファイル2 | ファイル3 |
|---|---|---|---|
| ドメイン1 |  |  | Read<br>eXecute |
| ドメイン2 | Read<br>Write |  |  |
| ドメイン3 |  | Read | Read<br>eXecute |

　プロセスごとに可能な操作を制限することで，このようなことができないようにしているわけである．

## 1. 保護マトリックス

　ファイルシステムの場合，ファイルとディレクトリがオブジェクトになる．これらへのアクセスを制御し，不適切なアクセスから保護するしくみがアクセス制御である．

　ここで，アクセスする側を抽象化したものを保護ドメイン（protection domain），あるいは単にドメイン（domain）という．アクセス制御は表 **5.3** に示すような行を保護ドメイン，列をオブジェクトとし，要素を権限とする行列で表現される．これを保護マトリックス（protection matrix）という．操作可能な権限は，ファイルシステムの場合，Read（読み出し），Write（書き出し），eXecute（実行）の中から組み合わせて選ばれる[*10]．なお，保護マトリックスは，ファイルシステム以外でも利用される一般的な概念である．

　例えば，Unix 系 OS の場合，プロセスのユーザ識別子（user identifier ; **UID**）とグループ識別子（group identifier ; **GID**）[*11]から，ユーザのプロセスをドメイン 1，グループのプロセスをドメイン 2，その他の（ユーザでもグループでもない，Unix 系 OS では other と呼ばれる）プロセスをドメイン 3 とみなせば保護マトリックスが構成できる．

--------

[*10] 1 文字で表す場合，それぞれ R,W,X が用いられるため，それぞれ大文字になっている．

[*11] Unix 系 OS では通常，UID，GID ともにユーザ情報の一部としてファイルに書かれており，UID はユーザ固有番号，GID はユーザが所属するグループ固有番号である．複数のユーザが同じ GID をもつことで，グループ間の資源共有を容易にしている．

しかし，実際には，保護マトリックスはあまり使用されていない．システムが大きくなりユーザ数が増えると，それに応じてマトリックスが非常に大きくなるからである．かわりに，保護マトリックスでは多くの要素が空になる点に着目し，列あるいは行方向に空でない要素だけをリストにしてつなぐ．ここで，列方向，すなわちオブジェクトに対してつなげたものをアクセス制御リスト（access control list; **ACL**），行方向，すなわち保護ドメインに対してつなげたものをケーパビリティ（capability）という．以下では，Linux，macOS，Windows などで利用できるアクセス制御リストについて説明する．

### 2. アクセス制御リスト

表5.3からは，次の3つのアクセス制御リストが生成される．ここで，R は Read，W は Write，X は eXecute を表すとしている．

ファイル1： （ドメイン2，RW-）
ファイル2： （ドメイン3，R-）
ファイル3： （ドメイン1，R-X），（ドメイン3，R-X）

なお，Unix 系 OS の場合，5.4 節 1. で述べたように，特定のユーザやグループに対してではなく，ファイルの所有者，所有者のグループ，および，それ以外の3者に対してそれぞれドメインが設定されている．つまり，ドメイン数は3である．さらに，それぞれのドメインに対して RWX の3ビット，合計9ビットですべてのファイルの権限が表される．このように Unix 系 OS の場合，ドメイン数が3と小さいため，アクセス制御リストと呼ばれながらもリストにつなげることはなく，全要素を9ビットでコンパクトに表現している．

## 5.5 ファイルシステムの実装方法

以下ではファイルシステムの実装方法とそのポイントについて説明する．

なお，前述のとおり，補助記憶装置へのアクセスを効率化するために，データはブロック単位で補助記憶装置からメモリに転送される．

## 1. ファイルの格納

ファイルシステムを実装するためには，まず補助記憶装置上のブロックにファイルを格納しなければならない．これにはさまざまな方法があるが，歴史的な経緯を含めて代表的なものを紹介する．

### (1) 連続割付け

ファイルを補助記憶装置上の連続したブロックに隙間なく格納する方法を**連続割付け**（continuous allocation）という（図 **5.7** (a)）．連続割付けは，ファイルが格納されている場所のインデックスとしてディレクトリに先頭のブロック番号を記録するだけでよいので実装が容易であるだけでなく，ファイル全体を順アクセスするために，必要なシーク時間と回転遅延時間（6.7 節 2. 参照）がともに最小限で済み，アクセス性能もよい．さらに，直接アクセスにおいても効率的に処理できる．

例えば，ファイルがバイトの並びであるとき，先頭から $n$ 〔B〕目を含むブロックのアドレスは，先頭ブロック番号 $b_s$，ブロックサイズ $s$ 〔B〕から，$b = b_s + \lfloor n/s \rfloor$ と計算される[*12]．

しかし，連続割付けにはいくつかの重大な欠点がある．まず，ファイル生成時に，そのファイルの最大サイズを決めなければならないことである．そうしないと，ファイルが成長したときにブロックが足りなくなり，次の別のファイルに割り当てられているブロックにあるデータを書き換えてしまうことになるからである．これを避けるためにあらかじめ多めのブロックを確保しておくと，結果的に使用しなかった場合には無駄が多くなってしまう．一方，ファイルの使用目的にもよるが，一般にファイルの最大サイズをあらかじめ決めることは容易ではない．対策としては，予想以上にファイルが成長したときには，別により大きな領域を確保して，そのファイルのデータ全体を移動させるしかない．

また，あるファイルが削除されて空き領域ができ，再利用する場合に，前後のブロックがすでに別のファイルに割り当てられているので，削除されたファイルのサイズ以下のものしかおけない．その結果，再利用できたとしても

（削除されたファイルのサイズ）−（再利用でおかれたファイルのサイズ）

分の隙間ができてしまう．このように，連続割付けでは，補助記憶装置の未使用

--------

[*12] $\lfloor \ \rfloor$ は小数点以下の切捨てを表し，ファイル中の先頭バイトを 0 B 目としている．

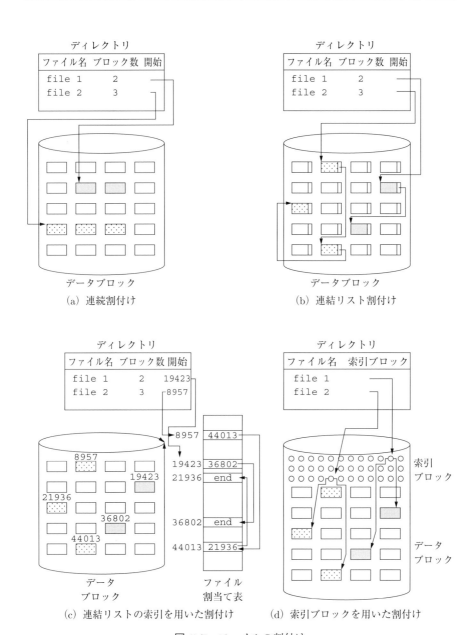

（a）連続割付け

（b）連結リスト割付け

（c）連結リストの索引を用いた割付け

（d）索引ブロックを用いた割付け

図 **5.7**　ファイルの割付け

領域が断片化（補助記憶装置の断片化）してしまうので，使用を続けるうちに割り付けようとするファイルのサイズ以上の空き領域があっても，ブロックが連続していないため利用できないという問題が生じる．

以上のとおり，補助記憶装置の利用効率がよくないのが連続割付けの難点である．

**(2) 連結リスト割付け**

ブロック内に別のブロックを指すポインタをもたせ，図 5.7 (b) のようにブロックの連結リストを用いてファイルを格納する方法を連結リスト割付け（linked list allocation）という．この方法も，連続割付け同様，ファイルが格納されている場所としてディレクトリに先頭のブロックを記録するだけでよいので実装が容易である．また，連続割付けとは対照的に，生成時にファイルのサイズを予測する必要がない．しかも，補助記憶装置の断片化で無駄な領域が発生することもなく，すべてのブロックを効率的に利用できる．

一方，ファイルが補助記憶装置の連続領域でなく，分散して記憶されることをファイルの断片化というが，使用を続けるうちにファイルの断片化が進んでアクセス性能が悪くなる．また，連結リスト割付けは，直接アクセスの効率がきわめて悪いという問題もある．ディレクトリ情報からは先頭ブロックの場所以外わからないので，目的とするブロックにアクセスするために，毎回，先頭ブロックから順にたどらなければならないからである．

さらに，ファイル読み出しの信頼性が低いことも問題としてあげられる．リンク情報が，補助記憶装置内のすべてのブロックに格納されているので，ほかの方法（例えばまとめて記録して，しかも記録を二重化している方法）に比べ，リンク情報が破壊されるリスクが高いからである．さらに，ファイルを構成するブロックが読み出せないとポインタがたどれなくなるので，そのブロック以降のすべてのファイルが読み出せなくなってしまう．

**(3) 連結リストの索引を用いた割付け**

連結リストの索引を用いた割付け（allocation using linked list index）とは，連結リスト割付けにおいて，ブロックに格納されたポインタのリンク情報を取り出して，別に索引として補助記憶装置上におく方法である（図 5.7 (c)）．これは USB メモリ等のファイル格納方法として使用されている．この索引は **FAT**（file allocation table）と呼ばれ，ファイルシステム名としても用いられている．索引が決められたまとまった場所にあるため，メモリにキャッシュされていれば，逐

一，補助記憶装置にアクセスする必要がなく，効率的に処理できる.

一方，問題点は，ファイル容量が大きくなると，大きなファイルの後ろになるほどアクセス性能が低下することである．これは，ファイル割当て表で多くのエントリを使用するため，ファイル割当て表をたどる際に補助記憶装置へアクセスする回数が増えることが要因である．

**(4) 索引ブロックを用いた割付け**

索引ブロックを用いた割付け（allocation using index block）とは，上記の索引自体を索引ブロック（index block）として，ファイル本体と同じ，補助記憶装置上の領域におく方法である（図 5.7 (d)）.

ここで，ファイル本体を格納するブロックは，索引ブロックと区別するためにデータブロック（data block）という．索引ブロックには，ファイルを格納するデータブロック順に，そのブロック番号を格納する．索引はたいてい 1 つの索引ブロックに収まるが，1 つの索引ブロックに収まらなくなった場合でも，次の 3 通りの方法で解決できる．

**<リンク法>**

索引ブロック内に次のブロックへのポインタをもたせておく（図 **5.8** (a)）．比較的容易であるが，リンクが長くなると後ろにあるブロックを読むために，その前にある多くのブロックも読まなければならない．

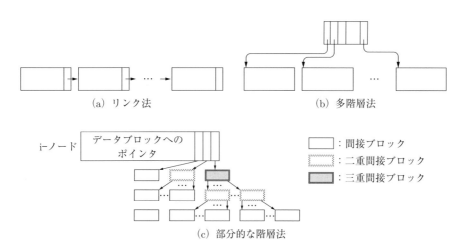

(a) リンク法　　　　　　　　(b) 多階層法

i-ノード　データブロックへのポインタ

□ : 間接ブロック
▨ : 二重間接ブロック
▨ : 三重間接ブロック

(c) 部分的な階層法

図 **5.8**　索引が複数のブロックを占める場合

## <多階層法>

1次レベルは1つの索引ブロックのみからなるとして，その内部に，2次レベル，3次レベル，… と，多階層構造のブロックへのポインタをもたせておく（図5.8（b））．なお，3次レベル以上にする必要はまずない．

この方法ならどのブロックも同じ速度で読むことができるが，1つの索引ブロックからの拡張において，多階層（木構造）への変換が必要となるのが問題である．

## <部分的な階層法>

拡張部分のみを木構造にする（図5.8（c））．リンク法の利点と，多階層法の利点を有している．UNIXのi-ノード構造はその一例である（7.2節1.参照）．

ここで，索引ブロックを拡張する際には，データブロックを使用する．1つのファイル（あるいはサブディレクトリ）につき，1つの索引ブロックが対応する形となる．

したがって，この方法では，1つのデータブロックに収まる小さなファイルに対しても，読み書きするためには索引ブロックとデータブロックの合わせて2回のアクセスが必要となる．ただし，同一ファイルの異なるブロックに続けて何度もアクセスする場合，索引ブロックがメモリにキャッシュされている可能性が高いので，平均アクセス回数は2よりむしろ1に近い．

## 2. 空き領域の管理

ファイルを格納するためのブロックの割付けに続いて，未使用または再利用可能な補助記憶装置のブロックをどのように管理するかについて説明する．

### (1) ビットマップ

補助記憶装置のブロックの個数分だけ，1か0をとるビットを用意し，各ブロックの使用状況を0と1で，それぞれ使用中と空きを表す方法をビットマップ（bitmap）という（図5.9（a））．これは，ビットマップ全体をメモリ上における場合には，効率的な空き領域の管理方法である．

ビットマップの場合，連続した空き領域を探すことも容易であり，これに適したビット操作命令をもつメモリもある[13]．

..............................................

[13] 最初の1のオフセット（offset，先頭からの位置）を返すことにより，空きブロックの場所を高速に検索することができる．

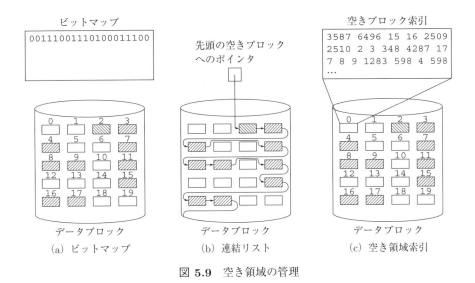

図 **5.9** 空き領域の管理

一方，大容量の補助記憶装置でブロック数が多くなる場合，メモリに占める容量の増加が問題になる．また，ビットマップをメモリにおけない場合は，補助記憶装置がいっぱい近くになると，空き領域を見つけるためにビットマップテーブルを広範囲にわたって走査しなければならなくなるため，あまり効率的な方法とはいえない．

**(2) 連結リスト**

ファイルを格納するためのブロックの割付けと同様に，ブロック内にポインタを入れ，空きブロックを連結する方法を**連結リスト**（linked list）という（図 5.9 (b)）．先頭の空きブロックを指し示すだけでよいので，空きブロックの記憶のためのオーバヘッドが無視できるが，ファイルの連結リスト割付け同様で信頼性は低い（5.5 節 1. 参照）．

一方，効率面では，ブロックが要求されたときに先頭の空きブロックを返すだけでよいので，ランダムアクセスが不要で，深刻な問題とはならない．ファイルが削除されたときも，そのファイルが使用していたブロックを空きブロックリストの先頭に加えるだけでよい．しかし，たとえ連続した空きブロックがあっても，それらが空きブロックリストの離れた部分につながれていると，連続であることがわからない．したがって，ファイルをなるべく連続した空きブロックに格納し

て効率的にアクセスできるようにするために，空きブロックのポインタの張替え
が必要となる．しかし，今度は，ポインタの張替えのために補助記憶装置へのア
クセスが頻繁に発生してしまう．つまりは，ビットマップのほうが効率的である．

**(3) 空き領域索引**

　空きブロックの番号を複数ブロックに格納し，ブロックのリストで管理する方
法を空き領域索引（free space index）という（図5.9 (c)）．リストの先頭に割付
け可能な空きブロックの番号があるので，空き領域を管理するためのテーブルを
おくスペースがメモリに十分にない場合には有効な方法である．

　ここで，ファイルの割付け時にはリストの先頭から空きブロックを取り出して
使用する．ファイルが削除され新たに解放されたブロックの番号はリストの最後
に追加されるため，隣接した空きブロックがすでにあっても，それらを連続した
空きブロックと認識することは困難である．また，補助記憶装置がほとんどいっ
ぱいでない限り，ビットマップに比べてより大きなオーバヘッドを生じる．

## 3. ディレクトリの実装

　ディレクトリは，ファイル名からファイルが格納されているブロックを知る方
法を提供するものである（5.3節参照）．さらに，ファイルに対してi-ノードなど
の索引がある場合は，その索引ブロックを知る方法も提供する．

　したがって，ディレクトリの実装においては，ファイルの所有者，日時，ファ
イルサイズなどのファイルの管理情報をどこにおくかが問題となる．

　1つの方法は，ディレクトリに直接それらの属性をおく方法である．図**5.10**の
（a）と（b）の違いは，ファイルの占めるブロック番号をディレクトリにおいてい
るか，別の場所におき，リストにしているかである．

　もう1つの方法は，（c）のようにUnix系OSのi-ノードのようにファイル側に
もたせる方法である．この方法では，ディレクトリにはファイル名とファイルの

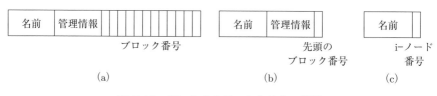

図 **5.10** ディレクトリエントリ内の情報

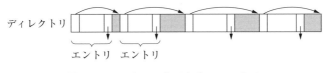

図 **5.11** ディレクトリとそのエントリ

管理情報をもつi–ノードの番号を格納するだけでよい.

　ここで，それぞれのディレクトリの子となるファイルやディレクトリ（エント
リ）に対して挿入・削除の操作をしやすいよう，エントリを連続的に詰めるので
なく，リストの形に連結する方法が一般的にとられている（**図5.11**）．しかし，こ
れによってファイル名を検索するためにリストをたどる必要があり，ディレクト
リ内にあるエントリの数が多くなると時間がかかりすぎる結果となるため，索引
の付け方で工夫されている.

## 5.6　さまざまなファイルシステム

### 1.　ジャーナリングファイルシステム

　ファイルシステムにデータを書き込む場合，まずデータブロックに書き込みを
行い，その後，データブロックを管理するディレクトリ情報を書き込む手順とな
る．このため，急な電源喪失やシステムクラッシュなどの不具合が生じると，書き
込まれたデータブロックを管理するディレクトリ情報が補助記憶装置に書き込ま
れないままでシステムが停止，あるいは正常に動作しなくなる事態が発生しうる.

　その場合，5.5節で説明したディレクトリとデータブロックの情報間で矛盾が生
じ，データへアクセスできなくなってしまう．このような状態を，ファイルシス
テムに不整合が生じている（file system inconsistency）という．このとき，ファイ
ルシステムの不整合を解消するには，補助記憶装置のパーティション全体のディ
レクトリとデータブロックを逐一調べる必要があるが，補助記憶装置の容量が大
きければ大きいほど，長時間を要することになる.

　しかし補助記憶装置への書き込みを**処理要求**（transaction，トランザクション）
単位として，ファイル構成情報の変更内容をメタデータとして保有しておけば，
ファイルシステムに不具合が生じたときに調べる領域が小さくて済み，パーティ
ション全体を調べる方法に比べ格段に速く回復できる．この機能をもつファイル

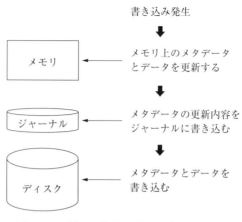

図 **5.12**　ジャーナリングファイルシステム

システムのことをジャーナリングファイルシステム（journaling file system）とい
い，Linux OS の ext3, ext4, XFS などで使用されている（**図5.12**）.

　ジャーナリングファイルシステムでは，データブロックやディレクトリとは別
に，補助記憶装置上にジャーナル（journal）と呼ばれるファイルシステムへの書
き込みの変更情報のみを記録する領域を用意する．そして，ジャーナルへの書き
込みを，データブロックやディレクトリ情報の書き込みに先行して行う．これに
よって，予期せぬ停電や障害の発生時など，データブロックとそれに関連するディ
レクトリ情報のどちらか一方のみしか書かれていないという矛盾状態が発生して
も，ジャーナルに書かれた情報を手がかりに，強制的に矛盾が発生する前の状態
に戻すことができる.

　また，無事にデータブロックやディレクトリへの書き込みが終了したときには，
ジャーナル情報はその時点で削除するので，記憶領域を無駄に使用することもない.

　ただし，ジャーナリングファイルシステムでは，ファイルシステムを不整合の
ない状態に復元することはできても，中身のデータまでは守れない場合があるの
で注意が必要である.

## 2. ログ構造ファイルシステム

　年々，メモリや補助記憶装置の平均的な容量が飛躍的に大きくなってきている.

したがって，メモリや補助記憶装置の大きな容量を活かして，従来とは異なるファイルシステムの実装方法により，システムの性能を改善しようという動きがある．

例えば，メモリ上におかれるバッファキャッシュの容量が十分であれば，あるブロックのデータの読み出しにおいて，補助記憶装置へのアクセスは最初の1回だけで済む．同一ブロックに対して，その後に繰り返される読み出し要求に対しては，バッファキャッシュに読み出されているブロックを渡せばよい．しかも，読み出し要求は，スケジューリングされ効率的に行われるため，多くのアプリケーションプログラムにとって，その性能はあまり問題にはならない．このとき，データブロックの書き込みも同様にバッファキャッシュに対して行われることになり，効率的となる．

一方，前述のとおり，ファイルシステムの整合性を保つためにジャーナリングファイルシステムを使用する場合，それに必要な情報（メタデータ）は，更新時に直ちに補助記憶装置に書き込まれることになる．このとき，メタデータのサイズは小さいが，補助記憶装置上に分散した多数の異なるファイルのブロックに直接書き込みが行われることになり，結果的に効率が悪くなる[14]．

つまり，同時に多数の異なったファイルに対して更新が要求される場合に，従来のファイルシステムではメモリや補助記憶装置が十分な容量をもっていたとしてもシステムの性能を制限する要因となる．

したがって，多数の小単位の書き込みを効率的に行うために，Unix系OSではログ構造ファイルシステム（log-structured file system ; **LFS**）と呼ばれる実装方法が提案されている．LFSの基本的な考え方は，すべてのファイルシステムのデータを1つの連続したログ（log）[15]に格納するというものである．すなわち，補助記憶装置はブロックよりかなり大きいセグメントに分割して管理され，1回の書き込みはそのうちの1つのセグメントに対して行われる．

ただし，実現するためには解決すべき問題が2つある．1つは，ログから必要なファイルブロックを検索する方法である．LFSでは，i-ノードを用いてファイルブロックを位置付けるが，その位置を計算によって求めることができない．この対策として，ログ中のi-ノードを指し示すi-ノードマップ（i-node map）と呼

---

[14] 同一ファイルに対する大量の書き込みでは，データブロックの書き込みが中心となるため，性能を制限する要因になることはない．

[15] 日誌（daily log）のように，時間的に順次追加した記録のことをいう．

ばれるものを補助記憶装置上におくという方法がとられている．i–ノードマップは十分にサイズが小さいため，頻繁に用いられる部分を常にメモリにキャッシュしておくことが可能である．

もう1つは，空き領域を管理する方法である．ログはその性質上，時間とともにサイズが大きくなり，やがては補助記憶装置全体を占める大きさにまでなる．一方，そのころにはログ内にファイルの削除，あるいは上書きなどによって，無効となったブロックが多数存在していることになる．そこで，クリーナ（cleaner）と呼ばれるプロセスを用意し，定期的にログの使用しているセグメント内の不要ブロックを回収し，有効なブロックを詰め合わせることによって新しい空きセグメントをつくり出す方法がとられている．ただし，次のような点に注意が必要である．

i) いつクリーナを働かせるか

ii) 一度にいくつのセグメントをクリーンするか

iii) どのセグメントから不要ブロックを回収するか

iv) 有効なブロックをどのように詰め合わせるか

このLFSをSprite[16]に実装して性能を測定した結果，普通の事務処理でよく行われる小さな単位の大量の書き込みにおける性能が格段に向上することが確認されたという報告がある．

## 3. ストレージプール

多くの物理的な補助記憶装置をまとめて1つの大きな論理的な補助記憶領域にするしくみをストレージプール（storage pool）という（図5.13）．ストレージプールでは，物理的な補助記憶装置を1台ずつ個別に扱わず，全体を単一のプールとして統合的に扱い（同図中央），物理的な補助記憶装置の新たな追加はプールの容量が増加するという形で反映する（同図下）．これによって，ファイルシステムの領域拡張も容易にでき（同図上），システムを稼働したまま個々の物理的な補助記憶装置の取外しや装着（ホットスペア（hot spare））が可能になる．

また，ストレージプールにおいてはある物理的な補助記憶装置の故障時にデー

---

[16] Unix系OSの1つ．

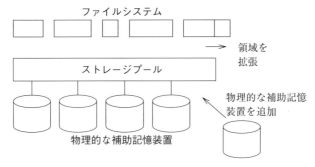

図 **5.13** ストレージプールのしくみ

タが失われないよう，冗長化を図るのが一般的である．これは，RAID（本章末の
コラム参照）によって実現することができる．

　ストレージプールによって異なるサイズやタイプの物理的な補助記憶装置を混
在させたり，サービスを止めることなく論理的な補助記憶容量を増やしたりする
ことができ，ファイルシステムの領域拡張も容易になる．

　さらに，ストレージプールをディスクや SSD などの直接アクセス可能な補助記
憶装置によって構成すれば，記憶の自動階層化により，頻繁にアクセスされるホッ
トなデータはアクセスにかかる時間が短くて済む SSD に，逆にアクセス頻度の少
ないデータはアクセスにかかる時間が長いディスクへと移動させることができる．

　これを実現する具体的なファイルシステムの 1 つが **ZFS** である．ZFS では，
記憶領域を 128 ビットのアドレスで管理し，$2^{128}$ B[*17]という大容量を単一の記憶
領域として管理する．障害や誤操作で内容が破損した際に過去の任意の時点にお
ける状態に戻すためにジャーナルを利用する．また，データの更新は書き換え時
にコピーする，いわゆるコピーオンライト方式とすることで，効率化が図られて
いる．

　オリジナルの ZFS は 2005 年，当時の Sun Microsystems 社によって OpenSolaris
に導入された．その後，オープンソースとして公開されることとなり，Linux や
FreeBSD，macOS などに移植され，広く利用されている．

---

[*17] これが，ZFS という名称の由来となったゼタバイト（zettabyte，〔ZB〕）である．zeta
　　は，$2^{70}$ なので，$2^{128}/2^{70} = 2^{58}$ ZB の記憶領域を管理できることになる．

## 4. さまざまな外部補助記憶装置

　現在では，コンピュータ本体内のディスクや SSD だけでなく，ファイルサーバやクラウドなどの外部補助記憶装置にファイルを格納するのが一般的である．

　この際には，外部補助記憶装置に固有の機能を利用しており，システム本体内の OS が直接の処理を行っていないが，コンピュータをシステムとして理解する一助として，主な外部補助記憶装置のシステムについて簡単な説明をしておく．

### (1) SAN

　**SAN**（storage area network）は，複数の物理的な補助記憶装置を専用ネットワークで1つにまとめることで，複数のサーバ間での共有やバックアップなど，外部補助記憶装置の管理を容易にしている外部補助記憶装置システムである．サーバは SAN で接続された外部補助記憶装置をローカルデバイスのように扱うことができるようになる．接続には，データ転送方式の1つであるファイバチャネルを使用する．

　ただし，外部補助記憶装置の共有はできるが，次で説明する NAS のようなファイル単位の共有を行う機能はない．

### (2) NAS

　**NAS**（network attached storage）は，LAN（local area network）に接続して使用される外部補助記憶装置システムである．Linux 系の NFS（network file system）や Windows 系の CIFS（common internet file system）などのプロトコルに対応し，複数のシステム間での共有ファイルシステムとして利用されている．

# 演習問題

1. 日ごろ使用している OS のファイルの命名規則はどのようになっているか調べよ．
2. ファイルのアクセス法について分類して説明せよ．
3. 階層ディレクトリにおけるパスの指定方法について説明せよ．
4. ディレクトリの実装方法について，2つの方法を説明せよ．
5. 従来のファイルシステム（5.5 節参照）に比べ，ログ構造ファイルシステム（5.6 節 2. 参照）はどのような点が改良されているか．

**–RAID–**

**RAID**（redundant arrays of independent disks, レイド）は，複数台のドライブ（drive）[18] を組み合わせて，仮想的な 1 台のドライブとして運用する技術である．ドライブの台数を（RAID 全体の容量／ドライブ単体容量）より多くすることで，一部のドライブが故障したときに，残りのドライブのデータから，もとのデータを復元できる機能（冗長性（redundancy）という）をもたせることができる．RAID 0 から RAID 6 までのレベルがあり，このうちよく利用されているのは，RAID 0, RAID 1, RAID 5, RAID6 である．以下にそれぞれを簡単に説明する．

**＜RAID 0＞**

データを分割して，複数台のドライブに分散して格納（ストライピング（striping）という）する技術である．複数台のドライブに並列にアクセスするので，読み書きが高速化される．例えば，2 台の場合は，2 倍高速になる．

ただし，RAID 0 では格納データに冗長性がないため，どれか 1 つのドライブが故障したときは全体が運用停止になる．

**＜RAID 1＞**

複数台のドライブに同じ内容を格納（ミラーリング（mirroring）という）する技術である．したがって，構成する（（台数）－ 1）分の冗長性を有する．2 台の場合は，1 台（もとのデータに対して 100 ％）分の冗長データを格納する．

2 台のうち，1 台が故障しても運用可能である．

**＜RAID 5＞**

データを分割して，複数のドライブにデータと，データをもとに作成されるドライブ 1 台分の誤り訂正符号（冗長データ）を分散して格納する技術である．物理ドライブが 5 台の場合，仮想的なドライブは $5 - 1 = 4$ 台分の容量になる．

このとき，5 台のうち 1 台が故障しても運用可能である．これを利用することで高速化と耐故障性が望める．

**＜RAID 6＞**

RAID 5 の冗長データを 1 台分から 2 台分に増やした技術である．例えば，物理ドライブが 5 台の場合，仮想的なドライブは $5 - 2 = 3$ 台分の容量になる．

このとき，5 台のうち 2 台まで故障しても運用可能である．

........................................................

[18] 補助記憶装置の読み書きを行う駆動装置のこと．

　一方，RAID 1 以外の RAID ではデータが複数のドライブに分散して格納されるため，障害が発生するとデータの復旧が非常に困難になる．このため，耐故障性の高い RAID 6 は運用性に優れている．

# 第6章
# 入出力制御

　本章では，プロセッサやメモリ以外のハードウェアを，OS が操作するしくみという観点から，入出力装置の制御について述べる．

　OS は，システムに接続される入出力装置を効率よく使用できるよう制御している．また，ユーザが特に個々の入出力装置の詳細を意識することなく入出力操作が行われるよう，これらの仮想化も行っている．

## 6.1　入出力のしくみ

　プロセッサ，およびプロセッサに直結されているメインメモリ（以下，メモリ），グラフィックスなど以外の接続装置を入出力装置という．

　OS は，デバイスコントローラを経由してこれら入出力装置を操作しなければならない．入出力装置から入力する場合，プロセッサはデバイスコントローラに入力命令を送信する．そして，デバイスコントローラが入出力装置を動作させてデータを受け取り，プロセッサやメモリにデータを渡す．逆に，入出力装置へ出力する場合，プロセッサはデバイスコントローラに出力命令を送信する．そして，デバイスコントローラが入出力装置にデータを送り，入出力装置を動作させて出力する．このようにプロセッサからの入出力に関する命令を受けたり，データをやり取りしたりするために，デバイスコントローラは独自のレジスタ（小容量のメモリ）をもっている（図 **6.1**）．

図 **6.1**　デバイスコントローラ

デバイスコントローラは個々の入出力装置により異なった仕様をもつが，少なくとも次の 3 種類のレジスタをもっており，これらを総称して入出力レジスタ（I/O register）という．

## 1.　制御レジスタ

制御レジスタ（control register）は，プロセッサが入出力装置に対する要求内容を書き込むためのレジスタである．

## 2.　状態レジスタ

状態レジスタ（status register）は入出力装置の状態が書かれているレジスタである．プロセッサはこの状態レジスタの内容を読み取ることで，入出力装置の状態を確認する．

## 3.　データレジスタ

データレジスタ（data register）は入出力の対象となるデータが書かれているレジスタである．すなわち，入出力装置から入力する場合，このレジスタにセットされたデータがプロセッサやメモリに読み込まれる．また，入出力装置に出力する場合，このレジスタにプロセッサやメモリがセットしたデータが出力される．

入出力装置への OS の入出力要求は，次の 3 つのタスクによって実行される．

　i)　　動作依頼
　　　　OS が制御レジスタに書き込みを行い，入出力装置に動作を求める．

ii) 動作完了確認

OS が何らかの方法で入出力装置の動作の完了を確認する.

iii) データ転送

データレジスタを介して OS と入出力装置の間でデータを転送する.

入力の場合は i) → ii) → iii) の順に，出力の場合は，i) → iii) → ii) の順に処理される.

## 6.2　入出力完了の検出

OS としては，入出力装置に入出力要求をした後，入力の場合，データが整ったこと，出力の場合，次の出力準備ができたことを確認できなければ次の処理を実行に移せない. これには，以下で説明するポーリング（polling），または割込みを利用する.

### 1. ポーリング

ポーリングとは，デバイスコントローラの状態レジスタの値が動作完了を示すまで，一定の時間間隔で，入出力装置の状態を OS がチェックする方式である（図 **6.2**（a））.

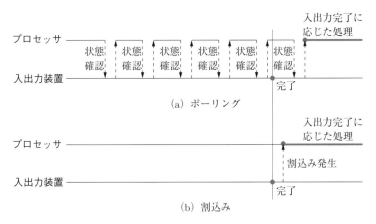

図 **6.2**　入出力完了の検出

　ここで複数の入出力装置がある場合，一定の順番で，各入出力装置のデバイスコントローラの状態レジスタをチェックすることになるが，この時間間隔が長いと，状態変化をタイムリーに検出できなかったり，見落としたりする危険性がある．一方，この時間間隔を短くし過ぎると，ポーリングの処理負荷が必要以上に大きくなってしまう．

### 2.　割込み

　入出力装置のデバイスコントローラがイベントの発生の際に割込み（2.2節 4.参照）を発生させる機能をもっていれば，入出力装置の処理完了後，プロセッサに対して**割込み信号**（interrupt signal）が送られるので，ポーリングを行う必要はない（図 6.2（b））．

## 6.3　割込みレベル

　入出力装置における入出力完了の検出は，ほとんどの場合，ポーリングではなく割込みを利用して行われる．すなわち，入出力装置からプロセッサに対して割込み信号が送られるとプロセッサは現在実行中の処理をいったん中断して，割込みの内容に応じた処理を行う．その終了後，中断していた処理を再開するというしくみで，プロセッサと入出力装置の連携がなされている．

　以下では，この際に重要となる，割込みレベルについて説明する．

　割込みの処理においては，処理速度が遅い入出力装置からの割込みの処理が原因となってシステム全体の処理効率が下がらないような工夫が必要である．例えば，ページフォールト（4.3節 1.参照）のようなプロセッサからの重要な割込みは，ある程度時間がかかっても問題のない処理速度の遅い入出力装置からの割込みよりも優先して処理される必要がある．このため，各割込みの優先度を決めておき，それにもとづいて順番に処理する．この割込みの優先度を**割込みレベル**（interrupt level）という．

　さらに，割込みハンドラの実行中でも，より高い割込みレベルの割込みが発生した場合には，相対的に低い割込みレベルの割込みハンドラをいったん中断して，より高いレベルの割込みハンドラを実行し，その終了後，中断された割込みハンドラの実行を再開する．逆にいうと，より高い割込みレベルの割込みの実行中に

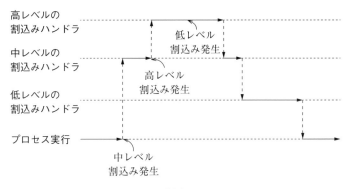

図 **6.3**　割込みレベル

は，相対的に低い割込みレベルの割込みは，高いレベルの割込みハンドラが終了するまで待たされる（図 **6.3**）.

このように，割込みレベルに応じて処理の優先度を決める方式を**多重レベル割込み**（multi-level interrupt）と呼ぶ.

## 6.4　プロセッサやメモリとの関係

### 1. 接 続

入出力装置とプロセッサやメモリとの接続は，バス（bus）と呼ばれる共通の伝送路を用いて行われる（図 **6.4**）.

一方，プロセッサ，メモリ，グラフィックスなどの集積度が上がり，かつ高速な動作が求められるにともない，それらはプロセッサに直接接続（あるいは内蔵）

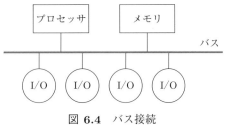

図 **6.4**　バス接続
（I/O：入出力装置）

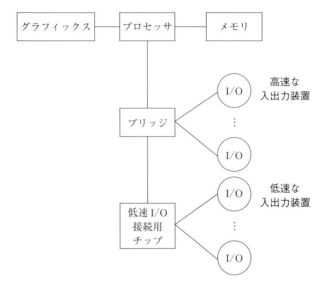

図 **6.5** ブリッジ接続

されるようになっているのに対し，比較的低速な入出力装置ではブリッジ（bridge chip）と呼ばれる集積回路を介して，プロセッサと非同期に動作するように接続されている．

　ブリッジは入出力装置に汎用の入出力インタフェースを各種提供するほか，処理速度の遅いレガシーデバイス（legacy device）[1]をサポートする回路として**低速I/O 接続用チップ**（low-speed I/O connecting tip）をもっており，これを使ってコンピュータ全体の処理が遅くならないようにする．なお，プロセッサから見ると，低速 I/O 接続用チップは，ブリッジとは別につながっているように見える（図 **6.5**）．

## 2.　プロセッサによる入出力レジスタへのアクセス

　前述のとおり，入出力操作は入出力レジスタを介して行われるが，これには，プロセッサが入出力レジスタにアクセスするしくみが必要である．

------

[1] 過去の仕様や規格にもとづくデバイスや装置のこと．

**(1) ポートマップ I/O**

　ポートマップ I/O（port-mapped I/O）は，入出力専用のプロセッサ命令（入出力命令）を使用して，入出力レジスタにアクセスする方式である．

　この方式では，メモリのアドレス空間と分離された入出力空間アドレスをもっていることになる（図 **6.6**（a））．

**(2) メモリマップ I/O**

　メモリマップ I/O（memory-mapped I/O）は，メモリのアドレス空間上にメモリと入出力機器を共存させる方式である．この方式では，入出力命令は使わず，メモリの読み書きのための機械語命令を入出力制御にも使用する．つまり，プロセッサの（物理）アドレス空間に入出力制御のための領域も用意する．

　これによってプロセッサに入出力命令のための機構が不要になるため，回路が簡素化されるし，プロセッサのもつすべてのアドレスの推定方法を入出力にも使うことができる（図 6.6（b））．

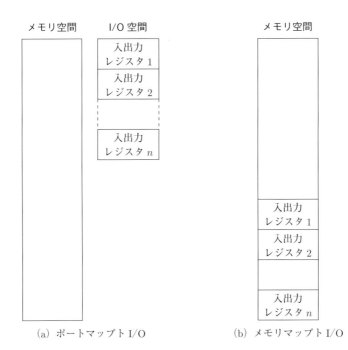

図 **6.6**　入出力レジスタへのアクセス

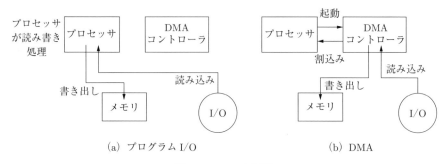

図 **6.7** データ転送

## 3. データ転送

入出力装置とメモリ（あるいはメモリどうし）でデータを転送する方法には，プログラム I/O（programmed I/O）と **DMA**（direct memory access）がある．

**(1) プログラム I/O**

プログラム I/O とは，プロセッサが命令を実行することで，データ転送に直接かかわる方式をいう．単純であるというメリットがあるものの，プロセッサの資源を消費するというデメリットがある（図 **6.7**（a））．

**(2) DMA**

DMA とは，DMA コントローラというハードウェアを使用して，データ転送を行う方式をいう．この方式では，プロセッサでは DMA コントローラに転送対象データの開始アドレスとデータ量（バイト数）を指定するまでを行い，実際の転送は DMA コントローラが行う．つまり，プロセッサと DMA コントローラが並行に動作するので，プロセッサの処理が不要となり，ほかの作業ができる．

また，入出力装置の処理速度が速い場合においても，データを転送する作業自体は単純なため，DMA コントローラのような専用ハードウェアを使ったほうがそれぞれのハードウェアの利点が活きやすい（図 6.7（b））．

## 4. バッファリングとスプーリング

ここまで述べてきたように，入出力装置とプロセッサやメモリの連係においては，処理速度の違いによる待ち時間の発生が問題になる．目的に応じた改善手法として，バッファリング（buffering）とスプーリング（spooling）を説明する．

## (1) バッファリング

　バッファリングとは，処理速度に差がある2つの装置を非同期に並行動作させるために，バッファ（buffer）と呼ばれるデータの入出力用の作業領域をメモリ上に用意することをいう．バッファはもとは緩衝器や緩衝物を意味する用語で，余裕やゆとりの意味がある．

　例えば，入出力装置からプロセッサへの入力であれば，OSがプロセッサにデータをバッファから読み込むように指示すれば，プロセッサは入出力装置がバッファにデータを書き込んでいる間，別の処理をすることができる．つまり，プロセッサと入出力装置はそれぞれ並行に動作可能となる．出力であっても同様に並行に動作可能である．

　一方，バッファが1つだけだとプロセッサがバッファにアクセスしている間，入出力装置が待たされることがあるため，バッファリングにおいてバッファを2個使用するダブルバッファ（double buffer）とするのが一般的である（図**6.8**（a））．

## (2) スプーリング

　スプーリングとは，補助記憶装置あるいはメモリ上に特別な出力領域を用意して出力内容をおいておき，出力装置が処理できるようになったら，その出力領域から出力装置へ出力を行うことをいい，英語で複数の入出力装置を並行動作させることを指すSimultaneous Peripheral Operations On-Line の頭文字に由来している．

　これは，比較的1つあたりが大きなタスクに用いられる．例えば，プリント出力の場合，スプーリングを用いれば，プリント出力の終了を待ってから次のタスクを送る必要がなくなり，プリントキュー[※2]として複数のタスクを投入できる（図6.8（b））．スキャナなどの入力装置に対しても，同様に有効な手法である．こち

(a) バッファリング　　　　　　(b) スプーリング

図 **6.8**　バッファリングとスプーリング

[※2] キューとは，待ち行列のことで，プリントの要求を行列して待たせることを意味している．

らは，バッファリングと異なり，プロセッサがリアルタイムに処理の終了を知らなくてもよい場合に用いられる．

## 6.5  デバイスファイル

OS に入出力インタフェースをファイルとして認識させるとき，これをデバイスファイル（device file）という．デバイスファイルは，一般のファイルのように READ，WRITE などの操作が実行できるので，ファイル処理と同様な手順で入出力の制御ができるようになる．

デバイスファイルには，以下のキャラクタデバイス（character device）とブロックデバイス（block device）がある．

**(1) キャラクタデバイス**

キャラクタデバイスは，キーボードやシリアル回線[3]などにより，1 文字（バイト）ずつデータを転送する入出力装置を対象にしたデバイスファイルである．Unix 系 OS の tty の例がある．

バイト単位で転送を行い，データの順アクセスしかサポートしていない．

**(2) ブロックデバイス**

ブロックデバイスは，ディスク，光学ドライブ，メモリなどの，OS がブロック形式でまとめてデータを転送するアドレス指定可能な入出力装置を対象にしたデバイスファイルである．ここで，OS は個々の入出力用にブロックを保持するため，入出力で待たされることがないようバッファを確保するのが一般的である．

ブロックデバイスは直接アクセスとシーク操作（5.2 節 3. 参照）が可能なことが多い．

## 6.6  入出力装置の一般化

コンピュータには多種多様な入出力装置が接続される．この状況に OS が対応するうえで，入出力装置の一般化が有効である．一般化によって OS から見た入出力装置の種類を少数にすれば，OS 側の対応する入出力装置の変更の負荷が減

---

[3] 少ない信号線を用いて，データを 1 ビットずつ順に送る伝送線をシリアル回線という．

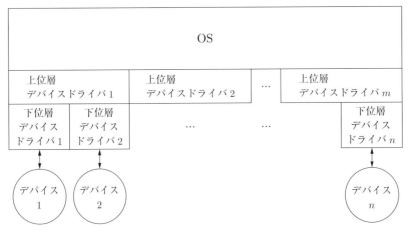

図 **6.9** デバイスドライバ

るからである.

　一方，入出力装置を一般化する場合，OS による一般的な操作を現実の入出力装置の操作に置き換える機能が必要になる．この機能を担うのがデバイスドライバと呼ばれるソフトウェアである.

　具体的には，デバイスドライバはデバイスコントローラを対象に一般的な操作を現実の操作に置き換える操作を行う（図**6.9**）．また，動作が似ているデバイスは，その制御も似たものになるため，デバイスドライバを階層化し，下位層のドライバが上位層のドライバを共用することで効率化している．下位層は，個々のデバイスに特化した制御を行うソフトウェアである.

## 6.7　ディスク装置

### 1.　ディスクの構造

　現在，クラウド上に仮想化されたものも含めてさまざまな補助記憶装置があるが，最も基本的なものの 1 つがディスク装置（hard disk drive; **HDD**）であり，コンピュータの歴史上，最も長期にわたり補助記憶装置として利用されている．ファイルはディスク装置など補助記憶装置上に作成されるので，効率的にファイルシステムを利用するという観点から，ディスク装置の基本的な特性を説明する.

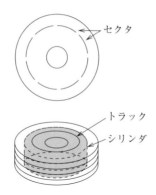

図 **6.10** ディスク装置の構成

　ディスク装置の内部には，両面に磁性体の塗られた円盤が複数枚入っている．これがまさにディスクであり，その形状からプラッタ（platter）[*4] とも呼ばれる．中心で固定されており，回転するしくみとなっている（図5.4，および図**6.10**参照）．

　情報はディスク上に同心円状に記録される．この同心円をトラック（track）といい，複数個のセクタをおくことができる．

　ディスクの読み書きは，可動するヘッドによって行われる．ヘッドはディスクの面数（普通は（枚数）× 2）分だけあり，まとまってディスクの内外を移動する．また，これらのヘッド群が移動することなく読めるディスク面数のトラックの組をシリンダ（cylinder）と呼ぶ[*5]．

　ここで同一シリンダ内においては，トラックの違いは，ディスク面の違いなので，［シリンダ番号，ヘッド番号，セクタ番号］の3つ組（cylinder number, head number, sector number; **CHS**）で個々のセクタを特定することができる．すなわち，シリンダ番号0（ディスクの最も外周部分）のヘッド番号0内のセクタ0を，セクタの1次元配列でみた0番地のセクタとし，順に同一トラック内のセクタ，次に同一シリンダ内のトラック，さらにシリンダを外から内に向かって順に，とセクタを数え上げることができる．

　一方，ディスクの内側に比べて外周部のほうがトラックが長いので，外周でより多くのセクタがとれる．したがって，物理的にトラックあたりのセクタ数を一

---

[*4] 英語で大皿の意味．
[*5] トラックの組をつなぐ（図の破線）と，円柱（＝シリンダ）になることに由来する．

定値に固定するかわりに，ディスクのシリンダをゾーン（zone）と呼ばれるグループに分けて内側から外側のゾーンに向けてトラックあたりのセクタ数を増加させることができる．

　なお，OS は隣接する複数のセクタをひとまとまりとしたブロック単位でアクセスする（5.2 節 3. (2) 参照）．この場合，ディスクを制御するディスクコントローラ（disk cotroller）は物理的な形状から決まるセクタ番号を直接参照せず，論理的なセクタ番号から変換して参照する **LBA**（logical block access）を使用する．

## 2.　ディスク性能のパラメータ

　ディスク上のデータにアクセスするためにかかる時間は，以下の 3 つに分けることができる．

　まず，読み書きの対象となるセクタを含むトラックがあるシリンダまで，ヘッドを移動させるための時間が必要である．これを**シーク時間**（seek time）という．

　次に，ディスクが回転して目的とするセクタの先頭がヘッドのある場所に達するまでの時間が必要である．これを**回転遅延時間**（latency time）という．シーク時間と回転遅延時間を合わせて**アクセス時間**（access time）ともいう．

　さらに，実際にデータを読み書きするための時間が必要である．これを**転送時間**（transfer time）という．

　これらの時間パラメータを使用した計算例については，本章末のコラムを参照してほしい．

## 3.　ディスクスケジューリング

　マルチタスク環境では，複数のプロセスが同一ディスク上にあるファイルに並行してアクセスすることが多い．このとき，読み書きの要求が発生した順にディスクにアクセスすると，遠く離れたシリンダ間のシーク時間が発生することになる．さらに，時間あたりのアクセス回数が多くシステムの負荷が高くなると，要求の到着順に処理していては効率が悪くなる．

　複数の未処理のアクセス要求がある場合，それらのシリンダ番号から処理順を決める方法を**ディスクスケジューリング**（disk scheduling）という．

### (1) 最短シーク順

　未処理の要求のうち，最もシーク時間が短いもの，すなわち現在のヘッドの位置

に最も近いシリンダに対するアクセス要求を処理対象とするディスクスケジューリングを最短シーク順という.

これによって, 処理全体としての高速化は期待できるが, 処理中に多くのアクセス要求が到着し続けると, シーク時間が比較的短いシリンダの中央部分に対する要求ばかり頻繁に処理され, シリンダの両端付近のアクセス要求はなかなか処理されなくなるという問題が生じる.

**(2) エレベータ順**

ビルのエレベータは, いまいる階より上 (または下) から呼出しがあるときは上昇 (または下降) し続け, なくなると下降 (または上昇) に転じる. このようなディスクスケジューリングの方法をエレベータ順という.

エレベータ順では, まずシリンダの上下いずれかの方向にのみヘッドを動かし, その方向にヘッドより先の要求がなくなるまで処理し, アクセス要求がなくなったら次にヘッドの進む方向を逆にして, その方向にヘッドより先のアクセス要求がなくなるまで処理していく. したがって, どんなに遅くともヘッドが行って帰ってくる1往復の間には必ずすべてのアクセス要求が処理されることになる.

図6.11 は, シリンダへのアクセス要求が 2008, 2517, 431, 3129, 2164, 1793, 4237, 1999 の順に行われたときの, アクセス要求の到着順, 最短シーク順, エレ

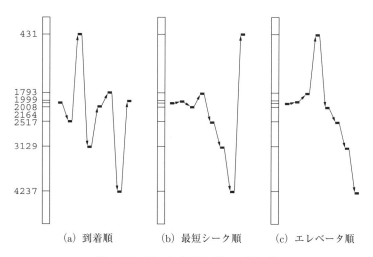

(a) 到着順　　　(b) 最短シーク順　　　(c) エレベータ順

図 **6.11**　ディスクスケジューリング

ベータ順のディスクスケジューリングによるヘッドの移動を示したものである.

**(3) 回転位置の考慮**

ヘッドの位置にあるセクタの番号がわかれば,同一シリンダの複数トラックにアクセス要求があるときに,回転位置から近いセクタ順にディスクスケジューリングできる.このほうがトラックの切りかえだけなら電気的に可能なので,機械的動作を含むシーク時間や回転遅延時間に比べると,瞬時に切りかわるとみなせ,複数の要求をより無駄なく処理できる.

## 6.8 SSD

ディスク装置の課題は,小容量のデータの読み書きでも,データ転送までに機械的動作をともなうアクセス時間(シーク時間と回転遅延時間)を要することである.

したがって現在では,可動部分をもたない **SSD**(solid state drive,ソリッドステートドライブ)がディスクにかわって広く利用されるようになっている.

SSD は以下の 4 つの部品で構成されている.

i)   NAND 型フラッシュメモリチップ
ii)   メモリコントローラ
iii)   キャッシュメモリ
iv)   インタフェース

データは,i) の NAND 型フラッシュメモリチップに保存される.また,記憶方式により,**SLC**(single level cell),**MLC**(multi level cell),**TLC**(triple level cell),**QLC**(quad level cell),**PLC**(penta level cell)などのタイプがある.SLC は 1 つの記憶セルに 1 ビットを記憶する方式である.信頼性が高く,書き込み速度が速いが,大容量化しにくいため,高価になる.MLC は 1 セルに 2 ビット,TCL は 3 ビット,QLC は 4 ビット,PLC は 5 ビットを記憶する方式である.

1 セルに多くのビットを記憶するほど信頼性が下がり,書き込みの速度は遅くなるが,大容量化しやすく安価になる.

データの読み書きは記憶セルに電圧をかけることで行われるが,電圧をかける配線やデータ信号を通す配線などが,ページと呼ばれるひとかたまりのセルで共

有されており，NAND 型フラッシュメモリに対する読み書きの単位はこのページになる．ディスク装置との互換性のため，メモリコントローラがセクタを単位としたアクセスに変換する．

　SSD の記憶素子の NAND 型フラッシュメモリは，ディスク装置の磁性体が塗られたプラッタとは異なり，データを書き換える際，旧データが記憶されている部分に新データを直接上書きできない特性がある．すなわち，書き込みや消去は，消去ブロック（erase block，以下，本節ではブロックという）と呼ばれる数 100 KB から数 MB 単位でしか行えない．このため，ブロックの一部のデータを書き換えるときでも，ブロック単位での操作が必要になる．

　具体的には，ii) のメモリコントローラ（memory controller，以下，本節ではコントローラ）により書き換えるデータが含まれるブロックを全体をコントローラ内のバッファに読み込み，バッファ上でデータを書き換え，編集されたバッファ上のデータを NAND 型フラッシュメモリに書き込む．ここで，書き込む際にもとのブロックに直接上書きできないので，もとのブロックを使うにはブロックをいったん削除しなければならない．しかし，ブロックの削除には書き込み以上に時間がかかるので，このままでは SSD のアクセスの高速性が生かされない．

　そこで，OS によっては，特定の領域が未使用になったことを SSD に通知する機能（**Trim** コマンド（Trim command）という）を設けている．これにより，あらかじめ未使用領域から削除済み（空き）ブロックを用意しておき，（もとのブロックでなく）空きブロックへ書き込むことで，書き換え処理を高速化している．

　一方，SSD はディスクに比べて，書き換え可能回数が少ないという問題がある．このため，サーバやデータベースなどの用途では，比較的短時間で書き換え可能回数の上限[6]に達してしまう．

　この問題は，特定の記憶素子に書き換えが集中しないように分散化するウェアレベリング（wear levelling）を行ったり，上記 iii) のキャッシュメモリを併用して，短時間での頻繁な書き換えはキャッシュメモリで行ったりなど，ある程度の対策を講じることができる．

　空きブロックの管理や，ウェアレベリングの結果，NAND 型フラッシュメモリ

---

[6] 例えば 1 セルあたりの書き込み可能回数は SLC の場合，10 万回，TLC の場合，3000 回といわれている．

上のブロックにデータが分散してランダムに配置されるようになる．なお，コントローラは，空きブロックの管理，ウェアレベリングに加えて，不良ブロック管理やエラー訂正も行っている．iv) のインタフェースは，SSD を接続するための部品である．

　さらに，SSD は故障時にデータの復旧が困難な点も承知しておいたほうがいい．ディスク装置は記憶媒体のプラッタの部分的不具合で一部データが読めなくなってもほかの部分は読めることが多い．一部データが読めないなど，不調の兆候が表れた時点でほかのディスク装置にデータをバックアップする猶予もある．一方，SSD の記憶媒体の NAND 型フラッシュメモリチップは IC（集積回路）であり，部分的な故障はなく，突然，全データが読めない故障になる．

　また，記憶媒体以外の部品についても，ディスク装置は部品交換で修理できる可能性があるが，SSD の場合はコントローラが専用 IC のため，同一の専用 IC を入手できない限り，修理は困難である．しかも，専用 IC は比較的短期間でバージョンアップされることが多く，同一の専用 IC の入手も困難である．

## 6.9　バッファキャッシュとページキャッシュ

　補助記憶装置にアクセスするためにかかる時間は，メモリのそれと比較すると桁違いに遅いため，ファイルの読み書きの要求があるたびに補助記憶装置にアクセスしていたのでは非常に効率が悪くなる．この問題の解決のために，補助記憶装置との間で転送されるデータをメモリ上にキャッシュすることが行われる．これをバッファキャッシュという．

　すなわち，5.2 節 3. で述べたように，補助記憶装置からデータを読み出す際には，ブロック単位でまとめてバッファキャッシュに読み出しておき，アプリケーションプログラムには，バッファキャッシュからデータを渡す．同様に，補助記憶装置に書き込む際にも，いったんバッファキャッシュに書き込み，ブロック単位でまとめて補助記憶装置に書き込む．

　したがって，ファイルからみれば，バッファキャッシュは，ファイルページのキャッシュとしての役割を担っているため，ページキャッシュとも呼ばれている（5.2 節 3. (3) 参照）．

　一方，ページング（4.3 節参照）と同様，ページキャッシュがいっぱいになると，

新しいブロックを読み出すためには，いずれかのブロックをページキャッシュから削除しなければならない．ここで，ページキャッシュの場合，例えばLRUアルゴリズムを忠実に実現すると不都合が生じる．

なぜなら，LRUアルゴリズムでは，頻繁にアクセスされるブロックは長期間にわたってキャッシュから削除されないからである．このとき，その補助記憶装置上の対応するブロックとキャッシュの内容が，長時間にわたって一致しない状況が生じ，その間にシステムがクラッシュする危険性が高まる．

この対策として，例えばUnix系OSでは，syncシステムコールで定期的に更新されたすべてのブロックを強制的に補助記憶装置に書き込んでいる．さらに，ファイルシステムの整合性を保つために必要な情報（データブロック以外のブロック）は，更新時に直ちに補助記憶装置に書き込んでいる．

実際，間接的に使用されるブロックは連続して参照される可能性が低いのに対して，一部でも直接使用されているブロックは連続して参照されることが多い．例えばi-ノードを使用するファイルシステムの場合，i-ノードブロック，間接ブロック，ディレクトリブロック，全体が使用されているデータブロック，一部が使用されているデータブロックなどがある（5.5節1.(4)，および7.2節1.参照）．

したがって，参照される頻度が低いと予想されるブロックはLRUアルゴリズムのリストの先頭に配置して，そのキャッシュがすぐ再利用できるようにし，逆に参照される頻度が高いと予想されるブロックはLRUアルゴリズムのリストの終わりに追加し，長時間にわたってキャッシュに残るように対策をした修正版のLRUアルゴリズムを用いることが考えられる．

## 演習問題

1. デバイスコントローラの3つのレジスタについて説明せよ．
2. OSが入出力の完了を知る方法を説明せよ．
3. プロセッサの入出力レジスタへのアクセス方法を説明せよ．
4. 入出力装置とメモリ間のデータ転送のうちDMAのしくみについて説明せよ．
5. デバイスドライバの役割を説明せよ．
6. 図6.11（164ページ）に示す各ディスクスケジューリングにおけるヘッドの総移動量を求めよ．

**―アクセス時間の見積り―**

シーク時間は，ヘッドを固定しているアームの移動速度で決まる．ここで，初期起動時間を $t_s$，1 シリンダあたりのアームの移動時間を $t_m$ とすると，$n$ シリンダを移動するためのシーク時間 $T_s$ は近似的に

$$T_s = t_s + t_m n \tag{6.1}$$

と表される．これを見積もるために平均シーク時間（全シリンダ数の半分のシリンダを横切ってシークするための時間）を用いることも多い．

また，回転遅延時間 $T_l$ は回転速度 $r$〔回転/秒〕で決まる．平均的には，ディスクが $\frac{1}{2}$ 回転する時間なので

$$T_l = \frac{1}{2r} \tag{6.2}$$

で表される．転送時間 $T_t$ は，転送するデータ量 $d$〔B〕に比例し，回転速度と記憶密度 $D$〔B/トラック〕に反比例するので

$$T_t = \frac{d}{rD} \tag{6.3}$$

となる．

**―ブロックサイズと利用率および転送速度―**

ブロックサイズを $B$，ファイルサイズを $S$ とする．このとき，b$=\dfrac{S}{B}$ が 1 以上の整数の場合，ちょうど $b$ 個のブロックに収まるので，ブロックの利用率は 100% となる．しかし，$b$ が 1 未満の場合，ブロック中の $B-S$ の部分は無駄になってしまい，利用率は $b \cdot 100$〔%〕に下がってしまう．

一方，1 ブロックの読み出し時間は，式 (6.1)，式 (6.2)，式 (6.3) から

$$T_s + T_l + T_t = T_s + \frac{1}{2r} + \frac{B}{rD}$$

となる．したがって，転送速度は

$$\frac{B}{T_s + \dfrac{1}{2r} + \dfrac{B}{rD}}$$

となる．以上より，$B$ が大きくなるほど転送速度は速くなるが，ブロックの利用率，ひいては補助記憶装置の利用率は下がることがわかる．

# 第7章
# Unix系OS

　本書では，Berkeley 版の UNIX，Linux，macOS など米国のベル研究所（Bell Laboratories）で開発された UNIX から派生した OS を総称して Unix 系 OS と呼ぶことにする．

　UNIX は，誕生以来，情報科学の研究の共通基盤として，また，ソフトウェア開発用システムとして，大学・研究所を中心に広く利用されてきたが，FreeBSD，NetBSD，OpenBSD，Linux などの無償で利用できる Unix 系 OS が普及したことで，現在では商用のサーバにおける Unix 系 OS の利用例が増えている．

　Unix 系 OS の特長として

- 単純でありながら強力な機能を有している．
- ソースコードが入手可能であるものが多く，世界中のユーザが協力してシステムを成長させている．
- 可搬性（移植性）がよく，パソコンからスーパーコンピュータまで，あらゆるコンピュータ上で稼働する，

などがあげられる．すなわち，UNIX 上で膨大なソフトウェアが開発され，それらがソースコード付きで無償で配布され，互いにソフトウェア資産を共有するという，UNIX の文化が誕生以来，現在にいたるまで築き上げられてきている．

　本章では，Unix 系 OS の内部を探ることによって，これらの特長がどこからきているかをみていく．なお，Unix 系 OS にはさまざまな版（バージョン）やバリエーションが存在するが，特に断らない限り，それらに共通する点について述べることとする．

# 7.1 Unix 系 OS の概要

## 1. Unix 系 OS の特長

　最初の UNIX を開発した Kenneth L. Thompson と Dennis M. Ritchie（1.3 節 2. 参照）は，彼ら自身の論文[1] の中で，**UNIX** の最も重要な特長として，「簡潔さ」「優雅さ」「使いやすさ」（simplicity, elegance and ease of use）をあげている．

　この特長が最もよく現れているのが，まず Unix 系 OS のファイルシステムであろう．Unix 系 OS 以前の OS では，アクセス方法ごとに何種類ものファイル形式が存在していた．これに対して，Unix 系 OS ではファイルをすべて単純なバイトデータの系列として一元化しており，当時としてはきわめて斬新であった．

　さらに，個々の補助記憶装置ごとに独立して存在していたファイルシステムも，複数の補助記憶装置を論理的な 1 つの階層構造として捉えたことや，入出力装置およびプロセス間通信も含めた一元的なリソース（資源）管理のしくみとして拡張した[*1]．これによって，従来の OS ではそれぞれのプログラムで別々な状態で管理されていたファイルや入出力装置などのあらゆる資源を，単一の方法で取り扱うことができるようになった．

　次に，対応するプログラミング言語やさまざまなツール[*2]を豊富に備えていることも重要な特長である．さらに，それぞれのツールを，1 つの機能をもつものに限定し，自由に組み合わせることによって，ユーザの望む機能をすばやく実現できるようにしている．これをツールキットアプローチ（toolkit approach）[*3]と呼ぶ．

　もう 1 つがシェルである．シェルは，ユーザがコマンドを入力するとコマンドを受け付け，それぞれのコマンドに対応するプログラムを起動するプログラムである．一方，シェルは，単なるユーザプログラムであり，あらかじめ何種類かが用意されており，好みによってユーザごとに選択できる．

................................................

[*1] インターネット上の資源を特定するための方法である URL（uniform resource locator）は，ファイルの絶対パスの概念を広域ネットワークに広げたものと考えることもできる．

[*2] Unix 系 OS では，ツール（tool），コマンド（command），プログラムという 3 つの用語はほぼ同義語と考えてよい．

[*3] これに対して，1 つ（あるいは，数個）のプログラムを多機能なものにして，それらだけでできるだけ多くのニーズを満たそうとするアプローチもある．この場合には，提供された機能は比較的簡単に利用できる一方，それ以外のことで柔軟性に欠けることになる．

代表的なシェル[4]として，**Bourne shell**（単に shell といえば，これをいう）や **C-shell**（**csh** と略す）がある．前者は最初の UNIX から存在するものであり，後者は California 大学 Berkeley 校で開発されたものである．今日では，シェルは Unix 系 OS の枠組を越えて発展を遂げており，Bourne shell の派生・機能強化版である **bash**, **zsh** などが広く使われるにいたっている．

なお，シェルでは一般にユーザによる対話的なコマンド入力を待つ間，プロンプト（prompt）と呼ばれる記号（shell の場合，一般ユーザではこれに $ 記号が，**root** と呼ばれる特権ユーザではこれに # 記号が使われるのが慣例である）を行頭に表示し，コマンド入力待ち状態を伝える．

以下では，shell の機能を中心に Unix 系 OS の機能的な特徴を列挙する（他のシェルも同様の機能をもっている）．

**(1) 標準入出力とその切換え**

すべてのプログラムは，1 つの入力ファイル（**標準入力**）と 2 つの出力ファイル（**標準出力およびエラー出力**）があらかじめオープンされた状態で実行開始されることになる．また，フィルタと呼ばれる基本的なプログラムは標準入力からデータを受け取り，標準出力に処理結果を書き出し，エラーメッセージなどはエラー出力に書き出す．通常，標準入力はキーボードに，標準出力およびエラー出力はディスプレイ端末に割り当てられている．

ここで，標準入力と標準出力（標準入出力）は，シェルからの指示で簡単にほかのファイルに切りかえることができる．具体的には，標準入力は < 記号に続けてファイル名を指定することで，標準出力は > 記号に続けてファイル名を指定することで，指定したファイルに切りかえることができる．ただし，既存のファイルに標準出力を切りかえると，既存のデータが上書きされてしまうことに注意が必要である．既存のファイルの後ろに新たな出力を追加したい場合は，>> 記号を用いればよい．記載例を以下に示す（# の後ろはコメント，説明である）．

```
$ sort < abc > pqr #ファイルabc から入力し sort コマンドを実行し，
                   #ファイルpqr に結果を書き出す．
$ date >> pqr      #date コマンドの実行結果をファイル pqr に追加する．
```

[4] ここでいうシェルとは，古典的なコマンドラインインタフェースのシェルであるが，GUI におけるデスクトップ環境も，システムに対してコマンドを指示するという意味では，広義のシェルと考えることができる．

## (2) 並行実行

コマンドどうしを & 記号で連結するだけで，複数のコマンドを並行に動作させることができる．

以下の例では 3 つのコマンド p1，p2，p3 が同時に実行開始されている．ただし，p1 と p2 は，独立して並行に実行されるが，最後の p3（後ろに & がない）については，これが終了するのを待ってからプロンプトを表示する．

```
$ p1 & p2 & p3
```

## (3) パイプ

パイプは 3.4 節 1. で触れたとおり，OS カーネル内のバッファを介してプロセス間でデータがやり取りされるしくみである．次の例では，p1 の標準出力が p2 の標準入力に，p2 の標準出力が p3 の標準入力にそれぞれ連結されている．つまり，p1（p2）が出力し始めると，p2（p3）で直ちにそれを入力として受け取ることができる．したがって，3 つのコマンド p1，p2，p3 によるプロセスは並行に動作し，それらの出力は次々に加工される．

```
$ p1 | p2 | p3
```

## (4) シェルスクリプト

シェルによって解釈・実行されるプログラムのことを，シェルスクリプト（shell script），あるいはコマンドファイル（command file），コマンドプロシジャ（command procedure），シェルプロシジャ（shell procedure）などという．本書では以下，シェルスクリプトとする．

シェルは，複数のコマンドを一括して実行することができ，一般的なプログラミング言語のように，変数や制御構造（if 文，for 文，while 文など）も備えており，これらを利用して自由にプログラミングできることが大きな特長であり，シェルスクリプトに対して引数を渡すこともできる．

## 2. ファイルの種類

Unix 系 OS のファイルには，ユーザから見て大きく分けて，通常のファイル，ディレクトリ，特殊ファイルの 3 種類がある．

また，同じファイルやディレクトリを別々の名前や場所から参照する機能として
リンクがある．

**(1) 通常のファイル**

すでに述べたように，Unix 系 OS では，通常のファイルはバイトデータの系列
でしかない．つまり，テキストファイルも実行可能なプログラムもファイルシス
テムでは区別しない．ファイルの構造は，それを利用するプログラムが決めるこ
とになる．

なお，ファイル名の最後のピリオド . に続くファイル拡張子を慣例として付け，
ファイルの種類を区別している（5.2 節 1. 参照）．

**(2) ディレクトリ**

Unix 系 OS においても，ディレクトリは階層構造（木構造）となる．最上位の
ディレクトリをルートディレクトリ（root directory）といい，スラッシュ / で表
す（5.3 節参照）．

対して，作業中のディレクトリをカレントディレクトリ（current directory），あ
るいはワーキングディレクトリ（working directory）という．特に，ユーザがロ
グインしたときのカレントディレクトリをホームディレクトリ（home directory）
という．

**(3) 特殊ファイル**

特殊ファイル（special file）とは，プログラムからみて通常のファイルとまった
く同様に読み書き可能であるが，入出力装置や記憶装置などに対応しており，読
み書きがそれらの装置のみに対して行われるものである．例えば，テープ装置が
/dev/mt0 に対応しているとすると，/dev/mt0 への書き込みが行われると，実
際にはテープ装置に書き込まれる．

このように，Unix 系 OS では入出力装置や記憶装置なども，それぞれが少なく
とも 1 つの特殊ファイルに対応している．代表的な特殊ファイルには，キャラク
タデバイス[5]，ブロックデバイス[6]などがある．

そのほかにも，アクセスするたびに擬似乱数を返す/dev/random や/dev/
urandom，常に 0 を返す/dev/zero，何を書き込んでもすべて無視される/dev/

---

[5] キーボードやプリンタなどをいう．バイトデータがリニアに並んだものとしてアクセスさ
れる．

[6] HDD や SSD などをいう．バイト配列的にランダムアクセス可能である．

null など，**疑似デバイス**（pseudo device）と呼ばれる特殊ファイルがある．さらに，ソケットを介したプロセス間通信も，Unix 系 OS ではソケットファイルを介して行うから，これも特殊ファイルの一種といえる（3.4 節，7.1 節 5. 参照）．

なお，特殊ファイルは /dev ディレクトリにまとめられている．

**(4) リンク**

リンクとは，同じファイルの実体を別々のファイル名により参照する機能であり，ハードリンクとシンボリックリンクとがある．

ハードリンクはファイルの実体を完全に共有するしくみである．したがって，一方に対する変更が他方にも及ぶ．例えば，親ディレクトリは .. で，カレントディレクトリは . で表されるが，これもハードリンクの典型的な例である（/home/. と /home/myhome/.. は同じディレクトリ実体を指し示している）．

同一ファイル実体に対してハードリンクされている数を**リンクカウント**（hard link count）と呼ぶ．

対して，**シンボリックリンク**[7]は，ファイルの実体を共有するかわりに，シンボリックリンクのファイル実体内に参照先のパスを格納し，間接的に別ファイルを参照するしくみである．したがって，もとのファイルが移動されたり削除されたりすると，シンボリックリンクからはアクセスできなくなる．

## 3. ファイルシステム

**(1) 擬似ファイルシステム**

**擬似ファイルシステム**（pseudo file system）とは，動作中のカーネルやプロセスの状態をファイルシステムを介して動的に読み出せる[8]機能であり，特殊ファイルの一種といえる．Version 8 Unix で初めて実装された機能だが，特に，Linux では，procfs を介して多くのカーネルパラメータを動的に変更したり，デバイスやデバイスドライバなどの情報を sysfs ファイルシステムから参照できたりなど，擬似ファイルシステムが多く活用されている．

例えば，プロセス ID <PID> の情報は /proc/<PID>/ の下にファイルとしてアクセス可能になっている．以下の例では，ユーザ権限で実行しているプロセス

---

[7] 4.2BSD で初めて導入された．
[8] 一部は書き込むことで設定を変更できる．

ID 8636 のプロセスの実体が, /proc/8636/exe のシンボリックリンクをたどることで /bin/bash であることを確認している.

```
$ ls -la /proc/8636/exe
lrwxrwxrwx 1 user group 0 Mar 26 10:08 /proc/8636/exe -> /bin/bash
```

また次の例では, ロードアベレージ (load average, プロセッサ／入出力負荷の平均値) を /proc ファイルシステム上のファイル /proc/loadavg を介して読み出すことで参照している.

```
$ cat /proc/loadavg
0.01 0.08 0.13 1/187 8892
#左から1分間, 5分間, 10分間の平均負荷値,
#実行中のプロセス数/全プロセス数, 最後に動作したPID
```

**(2) ファイルの保護**

5.4節で説明したとおり, Unix系OSでは, ユーザがプログラムを実行してファイルにアクセスしようとするとき, そのユーザの権限とファイルの保護モードが照合され, アクセスを許可するかどうかを決定する.

一方, **setuid** ビット (setuid bit) という特別のフラグが用意されており, このフラグがセットされていると, そのファイルの所有者の権限で動作させることができる. つまり, ファイルの所有者がrootであり, かつsetuidビットがセットされていれば, rootの権限でユーザの設定にかかわらずファイルにアクセスできることになり, あらゆるアクセスが許される.

**(3) マウント**

Unix系OSでは, 図**7.1**に示すように, あるディレクトリに別のディスク上に

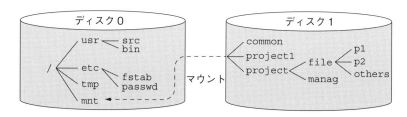

図 **7.1** ディスクのマウント
（ディスク1のディレクトリ階層をディスク0の mnt に連結させて, 論理的に1つのファイルシステムとしている）

あるディレクトリ階層を連結させて，論理的に 1 つのファイルシステムとして扱うことができる．これを**マウント**（mount）という．

このように，各ドライブを識別し，管理する Windows とは異なり，Unix 系 OS ではマウントで接続されたファイルシステムを同一ディスク内と同様に扱う．ただし，別々のディスクにあるファイル間ではハードリンクを張ることができない．一方，シンボリックリンクはディスクをまたいで張ることが可能である．

**(4) ファイルの入出力**

Unix 系 OS で，既存のファイルを読み書きするには，読み書きに先立って open システムコールによってファイルを開いておく必要がある．

```
fd = open(name, flag)
```

ここで，name はファイルのパス名，flag はファイルに対するアクセスの方法（読む，書く，新規作成などの区別）を指定するための引数である．返り値の fd は，**ファイル記述子**（file descriptor；**FD**）と呼ばれるもので，以後の読み書きなどの操作でファイルを識別するために用いられる小さな整数値である．

次に，データを読み書きするために，read システムコールおよび write システムコールを用いる．

```
n = read(fd, buf, count)
n = write(fd, buf, count)
```

read では，fd で指定されたファイルから，メモリ上の buf で指定される領域に，count バイト分のデータを読み出す．また，write では，buf で指定された領域から count バイト分のデータを書き込む．いずれの場合も，実際に読み出された（書き込まれた）データのバイト数が返り値 n として返される．ここで，ファイルをどこまで読み書きしたかは，カーネル内の**ファイルポインタ**（file pointer）に保持される．read で 0 が返ってきたときは，**ファイルの終端**（end of file；**EOF**）に達したことを意味する．

さらに，ファイルを読み書きする場合は先頭から順に行うのが一般的であるが，ファイル中の任意の場所のデータを読み書きしたい場合がある．このために，入出力ポインタをファイルの特定の位置に設定する lseek システムコールがある．

```
pos = lseek(fd, offset, base)
```

ここで，base はファイルの先頭，最後尾，現在の位置のいずれかを表し，offset は base からのバイト数（負の数でもよい）分の相対位置を表す．返り値 pos は，実際に設定された入出力ポインタの，ファイルの先頭からの位置である．

## 4. プロセス

以下では，Unix系 OS におけるプロセスの生成，プロセス間通信，ほかのプロセスの起動方法などについて説明する．個々のプロセスは，相異なるプロセス識別子（process identifier ; **PID**）をもつ．

### (1) プロセスの生成

プロセスを生成するには，fork システムコールを用いる．

```
pid = fork()
```

これだけで，もとのプロセス（親プロセスという）のコピー（子プロセスという）ができる．

ここで，2つのプロセスどうしは，開いているファイルを共有しながら，独立して実行を継続することに注意してほしい．ただし，fork の戻り値（pid）として，親プロセスには子プロセスの PID が，子プロセスには 0 が返される．

また，exec系のシステムコール[9]は，プログラム中でほかのプログラムを実行するために用いられる．

例えば，execl は，自分自身のプロセスを引数の file で指定したプログラムで置き換える．

```
execl(file, arg1, arg2, ...)
```

ここで，第2引数以下は，プログラムに渡される引数である．exec系のシステムコールでは，呼出しに失敗しない限り，もとのプログラムに制御を戻すことはないことに注意してほしい．したがって，ミスに備えて，fork した後の子プロセ

---

[9] これには引数の指定の方法の違いなどによって，execl, execv, execle, execve などがある．

スで exec 系のシステムコールを実行することが多い.

**(2) プロセス間通信**

パイプ（3.4 節 1. 参照）は，プロセス間通信のしくみである.

pipe システムコールによって，読み出し用と書き込み用の 2 つのファイル記述子が返される. これによって，書き込み用のファイル記述子を用いて書いたデータは，読み出し用のファイル記述子から読むことができ，fork システムコールと組み合わせることで，以下のようにプロセスやスレッド間の通信路を確保できる.

```
pipe(p);                      /* p のアドレスを渡す */
pid=fork();
if (pid≠0) {                  /* 親の処理 */
    close(p[0]);              /* read 用の pipe を閉じる*/
    (データの送り手側の処理);
    pid = wait(&status);
    (後処理);
}else{                        /* 子の処理 */
    close(p[1]);              /* write 用の pipe を閉じる*/
    (データの受け手側の処理);
    exit(status);
}
```

ここで，pipe の引数 p は，2 つのファイル記述子を得るための配列である. pipe システムコールによって，書き込み用のファイル記述子と読み出し用のファイル記述子がシステム内のバッファを介して連結される（図 **7.2** (a)）. このとき，fork 後は開いているファイルを引き継ぐので，親も子も同じファイル記述子にデータを書き込むことが可能になってしまうので，親から子に通信したいのであれば，読み出し用と書き込み用のファイル記述子をそれぞれいったん閉じ，一方向に通信を行う必要がある（図 7.2 (b)）.

次に，親プロセスは，子プロセスにデータを送った後，wait システムコールを実

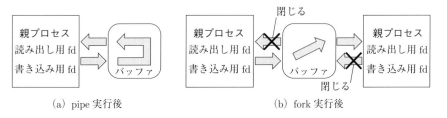

(a) pipe 実行後　　　　　　　　　(b) fork 実行後

図 **7.2** パイプによるプロセス間通信

行して子プロセスの終了を待つ. 対して, 子プロセスは, 親プロセスからのデータを受け取って, 何らかの処理の後にexitシステムコールを実行し, プロセスを終了する.

子プロセスがexitを実行すると, 親プロセスはwaitコールから抜け出す. このとき, waitの返り値として子プロセスのPIDが返されるので, 複数の子プロセスを生成した場合でも, どの子プロセスが終了したかを識別することができる.

**(3) シェルの実装方法**

エラー処理などを省いたシェルのプログラムの概略は以下のとおりである.

```
while(TRUE) {               /* 以下の命令群を無限に繰り返す.*/
    printprompt();          /* 入力促進記号を印字する.*/
    read_a_command_line;    /* コマンドを入力する.*/
    pid = fork();           /* 子プロセスを生成する.*/
    if (pid≠0) {            /* 親の処理 */
        wait();             /* 子プロセスの終了を待つ.*/
    }else{                  /* 子の処理 */
        execl(command, arg1, ...);  /* 入力されたコマンドを実行する.*/
    }
}
```

シェルは, まず入力促進記号を表示してコマンド入力を待つ. 次に, コマンド入力とその引数を受け取るとforkする. 続いて, 子プロセスは入力されたコマンドを引数としてexeclを実行し, 親プロセスは子プロセスの終了を待つ. 子プロセスが終了(コマンドの実行が終了)すると, プログラムの先頭に戻ってまた同じ動作を繰り返す.

ここで, 指定されたコマンドの後に & 記号があると, 親プロセスはforkした子プロセスの終了を待たずに, 次のコマンド入力を受け付けるだけでよくなる. これによって, 並列実行が容易に実現できる.

## 5. ネットワーク機能

現在, インターネットで使用されている技術の大半はUnix系OS上で研究開発されたものである. したがって, 当然ながらUnix系OSでは, プロトコル(protocol, 手順や規則)としてインターネットで標準的に使用されているTCP(transmission control protocol)およびUDP(user datagram protocol), ネットワークインタフェースとしてイーサネット(Ethernet, IEEE802.3)などを利用することがで

きる.

また，Unix 系 OS には，ユーザプロセスからネットワーク機能を利用するためのインタフェースとして，ソケットが備え付けられている.

ソケットは，統一されたインタフェースで通信を行うための抽象的なオブジェクトであり，コネクション型通信（ストリーム型通信ともいう）とデータグラム型通信をサポートする.

Unix 系 OS の主な通信ドメインとしては，以下の 2 つがある.

- **UNIX ドメイン**（UNIX domain）：コンピュータ内部での通信に用いる.
- **インターネットドメイン**（Internet domain）：インターネットプロトコル（internet protocol; IP）による通信に用いる.

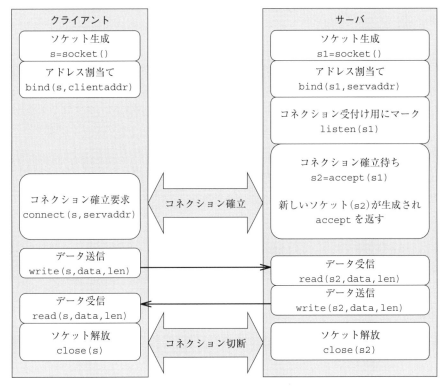

図 **7.3** ソケットの使用例

Unix 系 OS において，ストリーム型ソケットを使用した通信の際，図 **7.3** のようなシステムコールが使われる．

## 7.2 Unix 系 OS の実装方法

Unix 系 OS には，マイクロカーネルを用いた実装など，多種多様な実装方法が存在する．

以下では，多くの Unix 系 OS に共通する実装方法，およびよく利用されている Unix 系 OS である Linux のカーネルについて述べる．

### 1. ファイルシステムの実装

**(1) ファイルシステムの構造**

5.2 節 3. (2) で説明したとおり，Unix 系 OS でも，補助記憶装置へのアクセスはブロック単位で行われる[注10]．

このうち，第 0 ブロックをブートブロック（boot block），システムを起動するために必要となるプログラムを格納する次の第 1 ブロックをスーパブロック（super block）という．スーパブロックはこれに続く i–ノードの数，データブロックの数，フリーブロック（free block，未使用のブロック）のリストへのポインタなどの情報を格納する（図 **7.4**）．

ここで i–ノード（i–node ; index node）とは，それぞれ 1 つのファイル実体に対応するものである（図 **7.5**）．UID，GID，ファイルの保護モード，リンクカウント（7.2 節 1. 項参照）などのファイルに関する情報と，ファイル実体であるデータブロックへのポインタを保持している．ただし，ファイル名は保持されていない．

また，i–ノードのインデックス（i–ノード領域で何番目かを表す値）を i–ナンバ（i–number; index number）と呼ぶ．ディスク内部では，ファイルを識別するためにファイル名ではなく i–ナンバを使用する．

一方，Unix 系 OS におけるファイル実体へのポインタの実装方法は独創的であ

---

[注10] 多くの Linux で利用されているファイルシステム "ext4" のブロックサイズは 4 KB がデフォルトである．

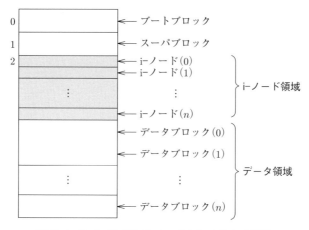

**図 7.4** Unix 系 OS のファイルシステムの構造

る．例えば，UNIX ファイルシステム（UFS）から影響を受けた Linux ext2 ファイルシステム，および後継の ext3 や ext4 では，ファイルの先頭から最初の 12 ブロックまでは，それぞれのブロックへの直接ポインタが i–ノード内に保持されている．また，それよりも大きいファイルに対しては，i–ノード内の間接ポインタに間接ブロックへのポインタが保持されている．したがって，仮にブロックサイズを 4096 B，ブロックアドレスを 4 B とした場合，間接ブロックには，（4096 ÷ 4 =）1024 個のデータブロックへのポインタを保持できる．

さらに大きいファイルに対しては，i–ノード内の二重間接ポインタを起点として，二重間接ブロックおよび間接ブロックを介して，三重間接ポインタから三重間接ブロックを介して，…，としていきアクセスする．このため巨大なサイズのファイルを扱うようになると，固定サイズの間接ブロック参照方式ではより多くの間接参照が必要になり，パフォーマンスの低下が起こる場合がある．そこで，開始ブロックとブロック数，オフセットの情報を木構造で管理することで，ブロックサイズを可変に扱うエクステント（extent）と呼ばれる実装方法もある[11]．

なお，ファイルが特殊ファイルの場合は，ポインタ 1 の領域に装置の種類を区別する番号と装置番号を保持している．

---

[11] エクステントは Linux では 2006 年の ext4 ファイルシステムから実装されているほか，XFS, JFS, Btrfs などのファイルシステムでも利用可能である．

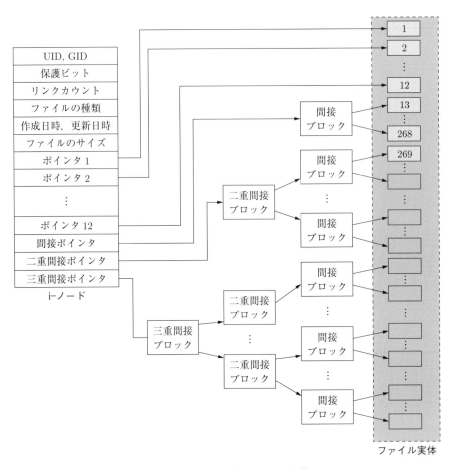

図 **7.5**　i–ノードとファイル実体

**(2) ディレクトリ**

　次に，ファイル名と i–ナンバ（結果としてファイル実体）を対応付けるのがディ
レクトリ（ディレクトリファイル）である．ディレクトリも通常のファイルと同
様に i–ノードで管理されるが，その構造はきわめて単純である．

　各ディレクトリに含まれる各種ファイルの情報（ディレクトリエントリ（directory

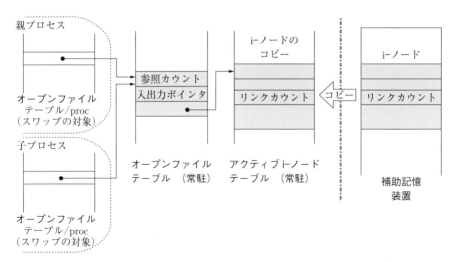

**図 7.6** アクティブ i–ノードテーブル，オープンファイルテーブルを介した
情報の参照・更新

entry）と呼ぶ）は，ファイル名とそれに対応する i–ナンバのみをもつ[*12]．

## (3) ファイルへのアクセス方法

Unix 系 OS では，補助記憶装置内の情報の参照・更新を行うときに，そのつど，補助記憶装置を読み書きしないようなしくみを設けている．すなわち，ファイルが開かれると，それに対応する i–ノードが，メモリ上に常駐しているシステム内のアクティブ i–ノードテーブルにコピーされるしくみになっている（図 **7.6**）．ここで，アクティブ i–ノードテーブルとは，開かれているすべてのファイルの i–ノードのコピーを保持する表である．これによって，i–ノードが更新されても，すぐにはディスクに書き戻されず，ファイルを閉じたときにはじめて書き戻されるしくみが実現されている[*13]．

..................................................

[*12] ディレクトリエントリはソートされていない状態で保持されている．また，Version 7
Unix ではファイル名は 14 文字で固定であったが，それ以降のほとんどの Unix 系 OS
におけるファイルシステムでは，ディレクトリエントリにファイル名に長さのフィールド
をもっており可変長になっている（最大 255 文字）．

[*13] sync リクエストが実行されたときも書き戻される．さらに，Linux では pdflush スレッ
ドが 5 秒ごとに自動実行され，30 秒以上，メモリ上に存在する更新データをディスクに
反映している．

　また，システムのメモリ内にはアクティブ i－ノードテーブルのほかにオープン
ファイルテーブル（open file table）も常駐している．この表は，開かれているす
べてのファイルに関する参照カウント，入出力ポインタ，対応するアクティブ i－
ノードテーブルのエントリへのポインタなどの情報（ファイルエントリ）をもっ
ている．ここで，**参照カウント**（reference counter）とは，複数のプロセスによっ
てファイルが共有されているときに，共有しているプロセスの数を示す情報であ
る．また，**入出力ポインタ**（input/output counter）とはファイル内のどこを読み
書きしているかを示す情報である．

　システム全体のオープンファイルテーブルが常駐していることで，プロセスご
とのオープンファイルテーブル（非常駐）は，アクティブ i－ノードテーブルのエン
トリへのポインタではなく，（システムの）オープンファイルテーブルのエントリ
へのポインタで各ファイルにアクセスできるようになっている．

**(4) ファイルの作成と削除**

　ファイルの作成時には，i－ノードの i－ナンバと，与えられたファイル名とでディ
レクトリエントリを作成する．また，リンクの作成時には，既存のファイルの i－
ノード内のリンクカウントを 1 増やし，その i－ナンバと新しいファイル名とで新
しいディレクトリエントリをつくるだけでよい．

　対して，ファイルの削除時には，ディレクトリエントリ内の i－ナンバから i－ノー
ドを見つけ，その中のリンクカウントを 1 減らし，ディレクトリエントリを解放
すればよい．このとき，リンクカウントが 0 で，かつ，どのプロセスからもファ
イルが参照されていないならば，ファイル実体のディスクブロックと i－ノード自
体も解放する．ただし，ファイルが開かれているときは，ファイルが閉じられる
まで解放を遅らせる．

## 2. プロセス管理の実装

　カーネルは，プロセスを管理するために，プロセスのメモリセグメント（memory
segment，テキスト，データ，スタックの各セグメント），開いているファイルの
状態，カレントディレクトリ，プロセッサのレジスタ値などを保持しておかなけ
ればならない．

　以下では，Unix 系 OS において，プロセスがどのようなデータ構造で管理され，
プロセス生成時にどのような動作が行われるのか，また，プロセスのスケジュー

リング方法などについてみていく.

## (1) プロセス管理用のデータ構造

Unix 第 7 版では, プロセスに関するすべての情報（プロセステーブルエントリ（process table entry）と呼ぶ）はシステム内の**プロセステーブル**（process table, メモリに常駐）と, そこからたどれる**ユーザ構造体**（user structure, スワップの対象）に保持されている（**図 7.7**）. プロセステーブルは, プロセスの状態（実行中, 入出力待ち, スワップアウト中など）, すなわち, そのプロセスに対して送られてきて, まだ処理されていないイベントなど, プロセスがスワップアウトされているときにも必要となる情報を保持している. 対して, ユーザ構造体は

- コンテキストスイッチのためのプロセッサレジスタの退避領域
- システムコールの状態
- オープンファイルテーブル
- 消費したプロセッサ時間などのアカウント情報
- カーネルモードで実行するときのスタック領域

など, プロセスがスワップアウトされたときには必要でない情報を保持している. 1 つのプロセスに対して, 1 つのプロセステーブルエントリがある.

また, プロセスのメモリセグメントへのポインタのうち, データセグメントおよびスタックセグメントへのポインタはプロセステーブルに保持されている. 一方, テキストセグメントへのポインタは, システム内のテキストテーブル（メモ

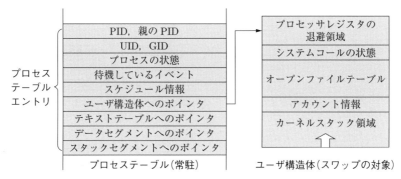

図 **7.7** Unix V7 におけるプロセステーブルとユーザ構造体

リに常駐）を介して参照される．これは，複数のプロセスでテキストセグメントを共有するためである．さらに，テキストテーブルは，テキストセグメントへのポインタのほか，テキストセグメントがスワップアウトされたときのスワップ領域内のディスクブロック番号，当該セグメントを共有しているプロセスの数を保持している参照カウントなどももっている．

　Linux では，カーネルスレッドもユーザプログラムもすべて **task_struct** 構造体（task_struct structure）（図 **7.8**）でプロセス情報（プロセスデスクリプタ（process

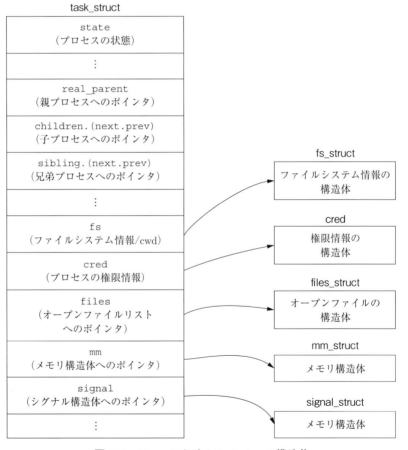

図 **7.8**　Linux における task_struct 構造体

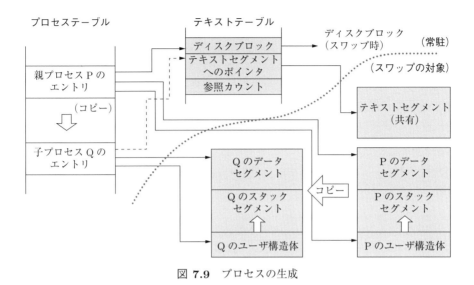

図 **7.9**　プロセスの生成

descriptor）と呼ぶ）が表現されており，そこからメモリ情報，権限情報などを保持する構造体へのリンクが張られている．そして，双方向循環リストとハッシュテーブル（pidhash）によってすべてのプロセス情報を管理している．

**(2) プロセス生成時の動作**

Unix 系 OS においては，fork システムコールによって新たなプロセスを生成する（7.1 節 4. 参照）．

このプロセスの生成時（fork の実行時）には，まず，子プロセスのためのプロセステーブルの空きエントリを確保し，親のプロセステーブルのエントリの内容をコピーする．その際，子の PID と親の PID を正しくセットし直す．次に，スタックとデータセグメント領域（ユーザ構造体を含む）を確保し，その内容を親からコピーする（図 **7.9**）[14]．同時にプロセステーブルのエントリのポインタを新しい領域を指し示すように変更する．

これによって，テキストセグメントを共有し，独立したスタックとデータセグメント（内容は親と同じ）をもつ子プロセスのためのデータ構造ができ上がる．

ここで，fork システムコールの返す値（戻り値）は，子プロセスでは 0，親プ

[14] 4.3 節 3. (4) で説明したコピーオンライトで行われる．

ロセスでは子プロセスの PID となり，この値により親プロセスと子プロセスの区別を行えるようになる．

次に，複製された子プロセス上で exec 系のシステムコールが実行されると，プロセステーブルのエントリを新たに確保し，テキストおよびデータセグメントを新しいものに置き換える．一方，プロセステーブルやユーザ構造体は前のままなので，オープンファイルテーブルなどは引き継がれる．

このように，Unix 系 OS では，新たなプロセスが fork システムコールと exec 系システムコールが組み合わされて実行される．

**(3) プロセスのスケジューリング**

プロセスのスケジューリングは，プロセスの優先度にもとづいて行われる．ここで優先度（**nice 値**）は −20〜19 の整数値で表され，小さい値のほうが優先度が高いとする．デフォルトでは 0 となり，ユーザモードで実行しているプロセスの優先度は非負の値しかとれない．カーネルモードで実行しているプロセスの優先度は負の値も指定可能である．また，実行可能なプロセスが優先度ごとに並んだプロセスキューが用意される（図 **7.10**）．

これによって，優先度の最も高いプロセスキューの先頭にあるものが実行すべきプロセスとして選択される．ここで，選択されたプロセスは，それがブロック

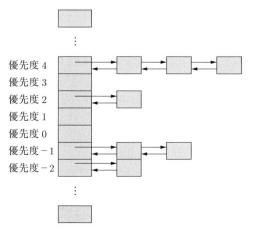

図 **7.10**　プロセスキュー
（実行可能なプロセスが優先度ごとにキューになっている．プロセスの
優先度は単位時間ごとに再計算される）

されるまで，あるいは1単位時間（100ミリ秒程度）が経過するまで連続して実行できる．nice 値による優先度を**静的優先度**（static priority）と呼ぶ．

一方，すべてのプロセスの優先度は，1秒ごとに，プロセッサの消費量に応じて再計算される．さらに，長い時間，プロセッサを割り付けられなかったプロセスの優先度は上げられ，逆に，最近プロセッサを割り付けられたプロセスの優先度は下げられる．これを**動的優先度**（dynamic priority）と呼ぶ．

Linux では，スケジューリング方式として **O(1)** スケジューラ（O (1) scheduler），その後 **CFS**（completely fair scheduler）が採用されている．CFS においては，各タスク（プロセスやスレッド）ごとの，プロセッサで実行された累計時間に優先度（nice 値）を加味し，重み付けした値をナノ秒単位で vruntime という変数に格納しており，実行待ちの全タスクが**赤黒木**（red black tree）と呼ばれるデータ構造で管理されている．すなわち，次に実行されるタスクとして，vruntime の値が最小のものを選択する．

## 3. メモリ管理の実装

初期の Unix 系 OS では，メモリはスワッピング方式によって管理されていたが，この方式ではメモリ容量が不足したときに，いくつかのプロセスのメモリイメージのすべてがスワップアウトされてしまい，メモリ容量の不足が解消されたときにスワップイン（swap in，必要なメモリを割り付け，メモリセグメントを読み出す）されるという問題があった．このため，デマンドページング方式を基本とする管理方式へと変遷してきた（4.3 節 3. 参照）．

### (1) スワッピング

プロセスのスワッピングを行うために，初期の Unix 系 OS ではプロセステーブルを参照してスワップアウトすべきプロセスを決定していた．このしくみを**スワッパ**（swapper）という．スワッパは，プロセスの生成時や，スタックおよびデータセグメントを拡張しようとしたときに，メモリの空き領域がなくなると起動する．

ここで，スワップアウトすべきプロセスには，ディスクの入出力などの遅いイベントを待っているプロセスの中で，優先度が低く，かつ，メモリに長く滞在していたものが選ばれる．さらに，サイズの大きいものが優先される．遅いイベントを待っているプロセスがなければ，実行可能な状態のプロセスの中から同様の

基準で選択される.

　対して，スワップインすべきプロセスには，優先度が高く，かつ，最も長くスワップアウトされていたものが選ばれる．さらに，サイズの小さいものが優先される．割り付けるべきメモリが確保できない場合は，ほかのプロセスのスワップアウトの処理を先に行う．

## (2) デマンドページング

　上記の理由で，スワッピング方式からデマンドページング方式を基本とする管理方式へと変遷してきたが，古典的な Unix 系 OS のメモリ管理は，物理メモリの使用状況をコアマップ（core map）で管理していた．

　すなわち，カーネルとコアマップを除いた全メモリ領域をページングの対象とし，同じサイズ（512 B〜4 KB 程度）のページフレームに分割する．空きページは，コアマップエントリ（core map entry）の双方向リンクで管理されている．このコアマップエントリには，ページアウトしたときのディスクブロックや当該ページを使用しているプロセスのプロセステーブルエントリなどが保持されている（図 7.11）．

　なお，デマンドページング方式（4.3 節 3. 参照）でメモリ管理を行うためには，4.3 節で説明したハードウェアによるアドレス変換機構が必要である．

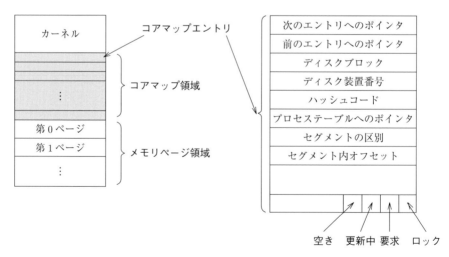

図 **7.11**　古典的 Unix におけるコアマップ

### 4. 入出力の実装

Unix 系 OS における入出力は, ブロックデバイスやキャラクタデバイスなど, 入出力装置に対応した特殊ファイルへの読み書きで実行される (7.1 節 2. 参照).

ここで, 入出力処理は, 個々の入出力装置に対応したデバイスドライバ (device driver) と呼ばれるカーネル内のプログラムで実行される. デバイスドライバは, プロセスからの読み書きの要求に対する処理や, 装置の状態を制御するための指示 (**ioctl** リクエスト (ioctl request) と呼ぶ) を受け付けて対応した処理を行う役目を担う.

**(1) ブロック型のデバイスドライバ**

ブロック型のデバイスドライバは, read システムコールが発行されると, 読み出すべきデータがシステム内のバッファにすでに存在する場合, そのデータを要求元プロセスに渡す. そうでない場合, そのデータを含むディスクブロックを空いているバッファに読み出して要求元プロセスに渡す. ここでバッファは, 数十〜数百の小さなバッファからなっており, 最近参照されたものから順にリスト構造をなしている. 空きバッファが必要なときは, リストの最後のバッファが候補として選ばれる.

対して, write システムコールが発行されると, 書き込むデータが含まれるべきディスクブロックがバッファにない場合は, それを空きバッファに読み出す. その後, そのバッファ内でデータを置き換え (書き戻し), そのバッファに変更を加えたことを示すビットをセットする. この書き戻しは, そのバッファを再利用しようとしたとき, あるいは 30 秒ごとに行われる.

このように, ブロック型のデバイスドライバでは, ディスクアクセスの効率を上げるためにバッファを維持し, ディスクの読み書きの回数を減らしている.

**(2) 文字型のディスクドライバ**

文字型のデバイスドライバは, 入出力装置との間でデータを 1 文字ずつ逐次的に受け渡しする. このための文字型の特殊ファイルの典型的なものとして **tty** がある. tty は, キーボードとディスプレイを合わせたディスプレイ端末であり, クックトモード (cooked mode) とローモード (raw mode) というキーボードからの文字の入力方法をもつ. クックトモードでは, キーボードからの入力はいったんドライバの中に蓄えられ, リターンキーが押されると 1 行分の文字列をまとめてアプリケーションプログラムに渡す. したがって, リターンキーが押されるまで

は，文字の消去や変更が可能である．対して，ローモードでは，1文字ずつアプリケーションプログラムに渡されるので，ドライバレベルで入力した文字の訂正などを行うことができない．

## 5. ネットワーク機能の実装

Unix系OSでも，ネットワークプロトコルは，いくつかの階層から構成されている．例えば，TCPであれば上位からTCP層，IP層，データリンク層（イーサネットなどのハードウェアインタフェース層）となっている．このため，カーネルにおいても，ネットワーク機能は階層構造として実現されている．したがって，カーネル内部のネットワーク機能を4層（ソケット層，TCP（UDP）層，IP層，インタフェース層）に分けて考えることができる（図 **7.12**）．

以下では，Unix系OSにおいて，ネットワークへデータを送信する場合と，ネットワークからデータを受信する場合のそれぞれについて，単純なUDP/IPでイーサネットを使用する場合におけるカーネルの処理の流れを追っていく．

**(1) ネットワークへの送信**

ネットワークへの送信では，プロトコル階層の上から下へ，順番に送信データが渡されていく（図 7.12（a））．

これは，sendシステムコールなどによって，プロセスがソケットを経由してデータを送信するように要求し，カーネルはソケット記述子であることを判断し，送信データをソケット層へ渡すことで実施される．ソケット層（socket layer）では，ソケットのプロトコルを判定し，プロトコルごとに用意されている送信関数を呼び出し，**UDP層**（UDP layer）に渡す．UDP層では，送信データからUDPメッセージを組み立ててIP層に渡す．

また，**IP層**（Internet protocol layer）では，IPヘッダを追加し，使用するネットワークインタフェースを決定してインタフェース層に渡す．インタフェース層（interface layer）では，イーサネットフレームを組み立てる処理を行ってから，デバイス固有の送信関数を呼び出し，データの送信を行う（図 7.12（b））．

**(2) ネットワークからの受信**

ネットワークからの受信では，上記と逆に，プロトコル階層の下から上へ，順番に受信データが渡されていく（図 7.12（c））．

ネットワークインタフェースにデータが到着すると，インタフェースのハード

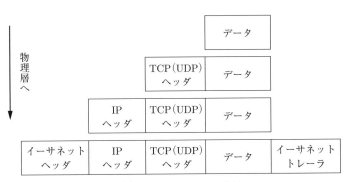

（a）ネットワークへの送信

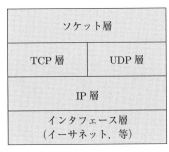

（b）UNIX カーネル

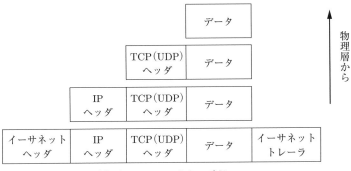

（c）ネットワークからの受信

図 **7.12**　カーネル内部の各層

ウェアからプロセッサに割込みがかかり，対応するデバイスドライバの割込み処理関数が呼ばれる．割込み処理関数では，イーサネットフレームを格納し，イーサネットの受信処理を行う関数を呼ぶ．この関数ではイーサネットヘッダ中の上位プロトコル種別に応じた処理を行う．ここで，IP パケットならば IP パケットの受信キューにつなぎ，IP 層に渡す．IP 層ではパケット長やチェックサムをチェックした後，パケットが自分あてのものかどうかを判定する．自分あてと判断すれば，上位プロトコル層（ここでは UDP 層）に渡す．

UDP 層では，パケット長やチェックサムをチェックした後，指定されたポート番号をもつソケットが存在するかどうかを調べる．存在しなければ，パケットは破棄する．存在していれば，対応するソケットの受信バッファに格納し，受信待ちでブロックしているプロセスが存在すればそれを起こす．

## 6. Linux の起動

### (1) Linux カーネルの初期化

2.6 節で説明した流れで Linux カーネルがメモリ上にロードされると，制御はカーネルに移され，カーネル自身の初期化が行われる．

その後，プロセス ID が 0 番のスワッパが生成され，プロセッサ，メモリ，入出力装置などの初期化が行われる．

続いて，割込み（IRQ）コントローラの初期化や，RTC（コンピュータの内蔵時計）から現在時刻を取得する処理などが行われる．

そして，プロセス ID が 1 番の **init** プロセスと，すべてのカーネルスレッドの親となるプロセス ID が 2 番のカーネルスレッドデーモン（kthreadd）を起動する．ここで，init プロセスは，OS ローダから渡された初期 RAM ディスク（initramfs）をメモリ上に展開しマウントし，そこにある/init プログラムを execve() システムコールで起動する．これがすべてのユーザプロセスの親となる．

### (2) init

**init** は，ユーザ空間で実行される最初のプロセスであり，Unix 系 OS では伝統的にプロセス番号として 1 が割り当てられている．init は，カーネルの初期化後，システムを正常に運用できるようにする役目を担っている．

この init には，システムの起動モード（シングルユーザモードかマルチユーザモード）が引数で渡される．シングルユーザモードで起動されると，特権ユーザ

（root）のシェルを起動し，ユーザがシステム管理作業を行えるようにする[*15].

また，マルチユーザモードで起動されると，以下の処理を行ってサービスを開始する.

i) システムを通常の運用状態へ移行させるためのシェルスクリプト（/etc/rc）を実行する. rc では，主に以下のような作業を行う.

　接続デバイスの検出とカーネルモジュール（デバイスドライバ）の読み込み

- ファイルシステムのマウント

- ネットワークの設定

- 各種のデーモンプロセス（ssh サーバ，プリントサーバ，メールサーバなど）の起動

ii) ユーザがシステムにログインできるようにする. このために，コンピュータに接続されている端末装置（コンソールやシリアル端末など）ごとに getty と呼ばれるプログラムを起動する. **getty** は，端末に login:プロンプトを表示してユーザ名の入力を待つ. ユーザ名が入力されると，login プログラムを起動する. 次に，login プログラムがパスワードを尋ねる. パスワードが正しければユーザのシェルを起動するための処理を行う[*16].

一方，多くの Linux ディストリビューションで **SysVinit** と呼ばれる init が長らく使われてきたが，近年は 2010 年に開発された Systemd が広く採用されている. この **Systemd** には，シェルスクリプトの逐次実行である SysVinit に比べ，並列実行により起動時間が短縮可能などの特長がある.

......................................................

[*15] 安全のため，シェルを起動する前には，パスワードを尋ねるようにされていることが多い.

[*16] ネットワーク越しの遠隔ログインの場合，getty ではなく，sshd によって認証やシェル起動が行われる.

# 演習問題

1. pipe システムコールを用いて双方向通信を行いたいときには，どのようなプログラムを書けばよいか．概略を示せ．

2. パイプラインによって複数のコマンドが連結されている場合に，シェルは内部でどのように処理しているか，シェル自身のプログラムの概略を予想せよ．

3. 図 7.4 において，1 ブロックが 1 KB のとき，保存可能なファイルの最大容量はいくらになるか．

4. 例えば，/etc/passwd ファイルを参照するとき，ファイルシステムはディレクトリや i–ノードをどのようにたどって，最終的に目的のファイルを見つけるか説明せよ．

5. FreeBSD や Linux など，身近にある Unix 系 OS のソースを調べて，i–ノードがどのような情報を含んでいるかを確かめよ．

6. FreeBSD や Linux など，身近にある Unix 系 OS のソースを調べて，プロセステーブルがどのような情報を含んでいるかを確かめよ．

# 第8章
# Windows

Windows は，Microsoft が開発した 32 ビット，および 64 ビット対応の OS である．

OS としての Windows は，Windows NT 3.1 が 1993 年にリリースされて以来，バージョンアップを繰り返し，現在[※1]，デスクトップ用途の Windows 10 とサーバ用途の Windows Server 2019 がリリースされているが，その中核は同一のものである．Windows は可搬性，互換性，信頼性，安定性，拡張性，そして性能をキーワードとして設計されているとされる[※2]．

## 8.1 Windows の概要

### 1. Windows の歴史

Microsoft の OS の歴史をさかのぼると，1981 年に登場した IBM の PC（IBM PC）に搭載された MS-DOS 1.0（PC DOS 1.0）が同社にとって最初の OS である．MS-DOS 1.0 は，そのもととなった QDOS[※3]が CP/M の影響を受けていたこともあって，CP/M によく似た OS であった．

一方，1984 年に本格的な GUI をもつ OS を搭載した Apple の Macintosh が発表された．ウィンドウとマウスによる Macintosh の操作は，**MS-DOS** などのよう

......................................................

[※1] 2022 年 8 月現在．
[※2] 本章は巻末掲載の参考文献の第 7 章にあげた資料[1-8]を参考にしている．
[※3] **QDOS**（quick and dirty operating system）は，Seattle Computer Products の Tim Paterson が開発した i8086 用の OS である．正式名称は **86-DOS** という．

にコマンドによる操作に比べて非常に使いやすいと高い評価を得た．これに対抗した Microsoft は，1985 年に MS–DOS 上で動作する GUI である Windows 1.0 を発表したが，Windows 1.0 はウィンドウを重ねることができないタイリングウィンドウ（tiling window）を採用していたため画面が狭く，また，MS–DOS の制約上利用できるメモリ空間が小さいなどの問題があり，あまり受け入れられなかった．

　1988 年，同社は DEC の VAX/VMS OS を開発した David N. Cutler を雇い，独自の新しい OS の開発を始めた．これが後の **Windows NT**（new technology）[4]である．Windows NT は 1993 年に Windows NT 3.1 が登場し，広く市場に受け入れられた．これ以降，Windows はユーザ端末上で動作し，サーバが提供するサービスを利用するクライアント（client）を動作させるための client OS と，クライアントへサービスを提供するためのサーバを動作させる server OS の 2 系統に分かれることになった[5]．Windows client OS は 1995 年に登場した Windows 95 から本格的に普及し，現在は Windows 11 がリリースされている．Windows server OS も順調に後継 OS をリリースし，現在は Windows server 2022 がリリースされている．

　同社は，ゲーム機である Xbox においても共通するプラットフォーム（カーネル，ドライバ）を稼働させている．

## 2. Windows の特徴

　**Windows** は，開発当初から，可搬性（portability，ポータビリティ），互換性（compatibility，コンパチビリティ），信頼性（reliability，リライアビリティ）と安定性（stability，スタビリティ），拡張性（extensibility，イクステンシビリティ），および，性能を確保する（ensuring performance）ことを設計目標としている．これらが Windows OS の特徴といえる．

### (1) 可搬性

　Windows はさまざまなアーキテクチャのハードウェア上で動作することを目指して設計されている．実際，Windows NT4.0 では，CISC（complex instruction

---

[4] VMS の各文字を，アルファベット順で 1 文字ずつ後ろにずらすと V → W，M → N，S → T となり，これが WNT（Windows NT）の語源であるという説もある．

[5] Windows XP 以降の client OS は，NT カーネルを採用しており，client OS と server OS は同一の技術を使用している．

set computer) システムである Intel x86 (486 以降) と, RISC (reduced instruction set computer) システムである MIPS R シリーズ, DEC[*6]Alpha シリーズ, IBM PowerPC シリーズをサポートしていたが, Windows NT 4.0のリリース後, MIPS, Alpha および PowerPC のサポートは中止したため, Windows 2000 がサポートするハードウェアアーキテクチャは, x86 だけとなった. また, Windows XP, Windows Server 2003 では 64 ビットプロセッサである IA-64 や AMD64 シリーズがサポートされていた. さらに, 最近の Windows では ARM シリーズのプロセッサもサポートしている.

Windows は, 階層構造を採用することによって, このような可搬性 (移植性) のよさを実現している. ここで, ハードウェアの違いを吸収するうえで重要となるのは, **HAL** (hardware abstraction layer) とカーネルである. Windows では HAL とカーネルより上位の層を, 独立したモジュールとして分離することで, 個々のプロセッサに依存しないしくみとなっている. また, 可搬性の高い言語 (主に C 言語) によって OS 自体が記述されている点も可搬性を向上させる要因となっている.

## (2) 互換性

Windows はバージョンアップのたびに機能が拡張されているが, ユーザインタフェースや Windows API[*7]において, 古いバージョンの Windows や MS-DOS との互換性を確保し続けている. また, Unix 系 OS, OS/2, Netware などのほかの OS との相互運用も保たれるようにしている.

## (3) 信頼性

一般にシステムは, 内部の機能不全や外部からの不正操作に対して, 頑健であるように設計されなければならない. すなわち, 信頼性の確保が重要である.

信頼性を確保するためには, OS がその他のアプリケーションプログラムへの不正なアクセスから保護されるよう, OS とアプリケーションプログラムをなるべく分離したほうがよい. Windows では, OS のカーネルが動作するカーネルモードと, アプリケーションプログラムが動作するユーザモードの 2 つのモードを分けることによって, アプリケーションプログラムがカーネルモードで動作する OS に

---

[*6] Digital Equipment Corporation 社の略.
[*7] **Windows API** とはユーザモードのアプリケーションプログラムから OS の機能を利用するために用意されたインタフェースをいう (3.1 節参照).

直接アクセスできないようにしている．そして，ユーザモードで動作するアプリケーションプログラムにおいてカーネルとのやり取りが必要なときには，Windows API を使用して，カーネルと通信するしくみとしている．

また，ユーザモードで動作するアプリケーションプログラムもそれぞれモジュールに分割し，自らのメモリ空間にのみアクセスでき，それ以外のメモリ空間に対してはアクセスできなくしている．これをモジュール化（modularization）という．

つまり，Windows ではモジュール化によって 1 つのアプリケーションプログラムに対する不正なアクセスがほかのアプリケーションプログラムに影響を及ぼすことがないようにしている．さらに，カーネルモードで動作する OS もモジュール化し，かつ，それらを層状に積み重ねる階層構造とすることによって，システムの各部分を分離させ，信頼性を向上させている．

**(4) 拡張性**

現在では，1 つのコンピュータを単体で使用するというより，複数のコンピュータどうしをネットワークを介してつないで利用するのが一般的である．

これに合わせて，Windows でも柔軟なネットワーク機能を実装し，さまざまなネットワーク環境への統合が容易に行えるように設計されている．例えば，リモートプロシージャコール（remote procedure call; **RPC**）や，Winsockets などの高機能 API をサポートするとともに，NetBEUI，TCP/IP，IPX/SPX および AppleTalk など，複数のトランスポートプロトコルをサポートしている．

また，上記のとおり，OS も含めてモジュール化することで，信頼性だけでなく拡張性も向上させている．つまり，各モジュールを独立させることで，ほかのモジュールに影響を与えることなく，各モジュールを変更したり置き換えたりすることができるようにしている．

したがって，Windows では，カーネルモード，ユーザモードのどちらにおいても新しい機能の追加が可能である．

**(5) 性能の確保**

Windows は以上の設計指針を守りつつ，バージョンアップを重ねていくことで，処理速度，応答性などの性能を確保してきている．

## 8.2 システムアーキテクチャ

図 **8.1** に Windows の基本的なアーキテクチャを示す．前述のとおり，大きく
分けて 2 つのモード，カーネルモードとユーザモードがある．

また，ユーザモードで実行される**システムプロセス**（system processes），**サー
ビスプロセス**（servive processes），**ユーザプロセス**（user processes），**環境サブ
システム**（environment subsystem）はそれぞれ個々のプライベート空間をもって
おり，スレッドは通常それらのプライベートアドレス空間内で実行される[※8]．こ
のようにユーザモードではカーネルモードに比べてアクセスが制限されており，
ハードウェアに直接アクセスしたり，自分以外のアドレス空間にアクセスするこ
とはできない．これによって，個々のアプリケーションプログラムに対する不正
なアクセスから OS を保護している．

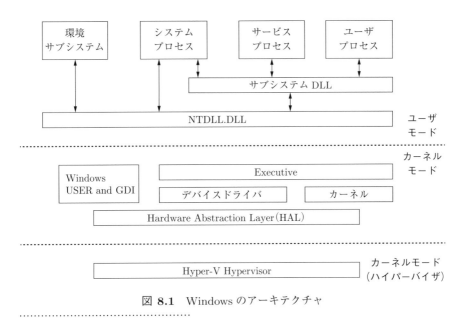

図 **8.1** Windows のアーキテクチャ

[※8] ただし，カーネルモードで実行されるスレッドはこの限りでなく，すべてのアドレス空間
にアクセスできる．

　一方，カーネルモードでは，ハードウェア，およびすべてのアドレス空間に直接アクセスできる．カーネルモードはさらにハイパーバイザモード（hypervisor mode）とカーネルモードに分けられる．ハイパーバイザモードもカーネルモードも同じ特権を有しているが，ハイパーバイザモードでは特殊なプロセッサに対する命令が使用されており，カーネルモードから分離され，カーネルの監視を行っている．

　Windows のユーザモードで動作するプロセスは以下の 4 つである．

**(1) ユーザプロセス**

　Windows 8 以降の 32 ビット，64 ビットアプリケーションプログラムのプロセスがこれに相当する．

　Windows 3.1，MS-DOS の 16 ビットや POSIX 準拠の 16 ビットおよび 32 ビットアプリケーションプログラムもこれに含まれるが，16 ビットアプリケーションプログラムは 32 ビットの Windows のみでサポートされる．また，POSIX 準拠のアプリケーションプログラムは Windows 8 までのサポートで，それ以降の Windows のバージョンではサポートされていない．

**(2) サービスプロセス**

　Windows Services で管理されるプロセスである．タスクスケジューラやプリントスプーラ，サーバアプリケーションプログラムである Microsoft SQL サーバや Exchange サーバなどがこれに相当する．

**(3) システムプロセス**

　ログオンプロセスやセッションプロセスのように，Windows Services の管理下にないプロセスである．

**(4) 環境サブシステムサーバプロセス**

　OS の環境をユーザやプログラマに提供するプロセスである．Windows NT では当初 Win32，OS/2，POSIX の 3 つの環境サブシステムが提供されていたが，Windows 2000 を最後に OS/2 サブシステムが，また Windows XP を最後に POSIX サブシステムが提供されなくなった．

　一方，Windows 10 version 1607 以降の Windows には Windows Subsystem for Linux（WSL）が，Windows 10 version 1903 からは Windows Subsystem for Linux 2（WSL2）が提供されている．

　また，環境サブシステムサーバプロセスの下層にはダイナミックリンクライブ

ラリ（dynamic link library; **DLL**，動的リンクライブラリ）サブシステムがある．これによって，ユーザアプリケーションプログラムで呼び出された関数を適切な内部のネイティブシステムコール（Ntdll.dll）に翻訳している．

対して，カーネルモードで動作する **Executive** は，上位に位置するサブシステムへ次のような OS の基本機能を提供するものである．

- 入出力マネージャ
- キャッシュマネージャ
- メモリマネージャ
- プロセスマネージャ
- オブジェクトマネージャ
- コンフィグレーションマネージャ
- プラグアンドプレイマネージャ
- 電源マネージャ
- セキュリティ参照モニタ
- ローカルプロシージャコール機能

Executive の下位にはカーネルが，さらにその下には前述の HAL が位置している．

このように，Windows は，いくつかの層（レイヤ）を重ねていくレイヤモデル（layer model）であるとともに，OS の機能をいくつかのモジュール化し，それぞれをサーバプロセスとして提供するサーバクライアントモデル（server client model）を採用している．

ただし，純粋なサーバクライアントモデルでは，各サーバはユーザモードで動作し，カーネルモードではごくわずかな作業しか行わないが，Windows では，多くのモジュールがカーネルモードで動作する．これは，コンテキストスイッチやモードの移行時のオーバヘッドが大きくなるのを避けるためであり，Windows NT 4.0 でのアーキテクチャ変更もまさにこの点を考慮してのことであった．

## 8.3 カーネルモード

以下では，カーネルモードで動作する Windows OS のコアともいえる部分につ

いて，ハードウェアに最も近いレベルから順に，HAL，カーネル，Executive と
概説していく．

## 1.　HAL

**HAL** は，Windows の設計目標であり，また 1 つの特長でもある可搬性を実現
するための重要な要素である．Executive の最も下層に位置し，カーネルモード
で動作するハードウェア操作ルーチンのライブラリである．

　現在，Windows は複数のプラットフォーム（x86，x64，ARM）で動作し，ま
た，シングルプロセッサおよびマルチプロセッサにも対応しているが，この HAL
が提供するインタフェースによって，異なるハードウェアアーキテクチャの特性
を隠蔽，または抽象化し，OS に対して同一のプラットフォーム，または VM（仮
想計算機，9.1 節参照）として見えるようにしている．

　以前は，Microsoft あるいはハードウェアメーカが用意した HAL が OS のイン
ストール時にハードウェアアーキテクチャに合わせて 1 つ選択されていたが，現
在では，拡張 HAL モジュールによって，ブート時に必要な DLL（4.4 節参照）が
ブートローダによって読み込まれるようになっている．

## 2.　**カーネル**

　Windows のカーネルは，NT Executive や環境サブシステムに対して基本的な
サービスを提供するものであり，Windows OS の中心をなしている．主に次の
4 つの機能を提供する．

i)　スレッドのスケジューリングとディスパッチ

ii)　マルチプロセッサの同期

iii)　割込み処理とディスパッチ

iv)　例外処理とディスパッチ

　上の i)，ii) の機能は，Executive が使用する基本的なオブジェクトとして提供
されている．これをカーネルオブジェクト（kernel object）という．

　カーネルオブジェクトは，ディスパッチャオブジェクト（dispatcher object）と
コントロールオブジェクト（control object）の 2 つによって構成されている．ディ
スパッチャオブジェクトは，主に同期やスレッドスケジューリングに関係してお

り，さらにイベント，mutex，セマフォ，スレッド，タイマなどのオブジェクトによって構成されている．対して，コントロールオブジェクトは，OS の機能を制御するもので，さらに APC（asynchronous procedure call），DPC（deferred procedure call），割込みなどのオブジェクトによって構成されている．

また，Windows におけるスケジューリングは，優先度順スケジューリングとラウンドロビンスケジューリングを組み合わせた方式になっている（3.2 節参照）．すなわち，優先度の高いスレッドから実行されるが，同じ優先度であれば，先にキューに入ったものから順に実行される．優先度は 0 から 31 までの 32 のレベルがあり，スレッドごとにプロセスに割り当てられる基本優先度（real-time, high, normal, idle のいずれか）と，スレッドに割り当てられる基本優先度（time critical, highest, above normal, normal, below normal, lowest, idle のいずれか）の組合せによって決まる（表 8.1）．優先度 0～15 を可変クラス（variable class），16～31 までをリアルタイムクラス（real-time class）という．

一方，カーネルはいくつかの状況において，可変クラスのスレッドの優先度やタイムスライスは調整するが，リアルタイムクラスのスレッドの優先度を調整することはない．

割込みと例外処理は，いずれもプロセッサの通常の処理を変更する OS の機構である（2.2 節参照）が，Windows のカーネルでは，2 つを区別して取り扱う．つまり，割込みは，Windows のカーネルではプロセッサの処理には無関係に，非同期に発生する．これらは主に入出力やクロックなどのハードウェアによって生成さ

表 8.1　プロセス基本優先度とスレッド基本優先度の組合せによる各スレッドの優先度の決定

| | | プロセス基本優先度 | | | |
| | | real-time | high | normal | idle |
|---|---|---|---|---|---|
| スレッド<br>基本<br>優先度 | time critical | 31 | 15 | 15 | 15 |
| | highest | 26 | 15 | 10 | 6 |
| | above normal | 25 | 14 | 9 | 5 |
| | normal | 24 | 13 | 8 | 4 |
| | below normal | 23 | 12 | 7 | 3 |
| | lowest | 22 | 11 | 6 | 2 |
| | idle | 16 | 1 | 1 | 1 |

れる外部割込みであるが，カーネルによるディスパッチの開始などのソフトウェア割込み（内部割込み）もある．

　一方，例外は，プロセッサがある特定の命令を実行した結果に同期して発生する[9]．これらには，セグメンテーションフォールトやゼロ除算例外などがある．

　また，Windowsのカーネルでは対称型マルチプロセッシングおよび，**NUMA**を実現している（2.2節参照）．これにより，すべてのプロセスのスレッドは，どのプロセッサでも実行できる．また，1つのプロセスにおける複数のスレッドを別々のプロセッサ上で実行することも可能であること，さらにNUMAの導入による各プロセッサのメモリアクセスの高速化など，マルチプロセッサシステムの利点を最大限に活かすことができる．

## 3. Executive

　**Executive**はカーネルモードの上位に位置する層で，主に以下のような機能をもっている．

### (1) 入出力マネージャ

　入出力マネージャ（I/O manager）は，Windowsにおける入出力のすべてを管理するもので，デバイスコントローラの役割を担っている．ファイルシステム，ネットワークドライバ，デバイスドライバ間の通信をサポートしている．また，非同期入出力と同期入出力の両方をサポートしており，非同期入出力を利用することによって，プロセッサに比べて低速な入出力装置に対する要求を最適化している．

　Windowsの入出力は階層化されたアーキテクチャのもとで行われるので，階層化されたドライバ群を入出力マネージャが仲介することによって入出力機能を実現している．これらのドライバ間の通信は，**入出力要求パケット**（I/O request packet；**IRP**）によって行われる．

　ファイルアクセスの例を図**8.2**に示す．あるプロセスからファイルアクセス要求があると，入出力マネージャは適切なファイルシステムドライバに対してIRP

---

[9] カーネルモードで例外が発生すると，ディスパッチャは割込みハンドラを呼び出すが，割込みハンドラが見つからないとき，システムエラーが発生し，Windowsの悪名高き「ブルー画面」が現れる．

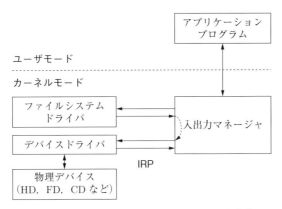

図 **8.2** Windows におけるファイルの入出力

を送信する．すると，ファイルシステムドライバは，下位のドライバに対して IRP
を変換し，入出力マネージャへ送信する．最終的に最下位のカーネルモードデバ
イスドライバへ IRP は到達し，デバイスドライバが物理デバイスにアクセスする．
なお，ファイルシステムは一種のフィルタとして機能し，ファイルシステム自体
が物理デバイスにアクセスすることはない．

　このように，入出力マネージャの仲介のもとにドライバを階層化することによっ
て，複数のファイルシステムやネットワークドライバのサポートを容易にしてい
る．Windows がサポートするファイルシステムには，FAT12，FAT16，FAT32，
exFAT，NTFS，CDFS，UDF，ReFS がある．

**(2) キャッシュマネージャ**

　多くの OS では各ファイルシステムでキャッシュが行われるが，Windows で
はキャッシュマネージャ（cache manager）によって一括してキャッシュが行われ
る．すなわち，キャッシュマネージャは，後述の仮想メモリマネージャの提供す
る共有メモリを使用して，Windows 上で行われるすべての入出力に対してキャッ
シュサービスを行う．これをマップドファイル **I/O**（mapped file I/O）という．

　また，キャッシュマネージャは，遅延書き込み，および遅延コミットと呼ばれ
るプロセス管理の機能も備えており，システム全体の性能を向上させている．

**(3) メモリマネージャ**

　Windows では，デマンドページング（4.3 節 3. 参照）の仮想メモリシステムに
より，32 ビットあるいは 64 ビットのフラットでリニアなアドレス空間を実現し

ている．メモリマネージャ（memory manager）は，このアドレス空間の仮想アドレスを，実際のコンピュータに実装されているメモリや補助記憶装置による物理ページへマッピングするものである．

これは，次の2段階の処理によってなされる．まず，使用するメモリを予約する．予約段階では実際の物理メモリやページファイル上に領域は確保されない．続いて，予約されたメモリにアクセスがあると実際に物理メモリ上に領域が確保される．

32ビットのWindowsの場合，各プロセスは4GBの仮想アドレス空間をもつ．そのうちの下位の2GBは，各プロセスに共通の空間であり，OSのカーネルモード用として割り当てられる．そして，高位の2GBが，ユーザ用として各プロセス固有のものとして割り当てられる[10]．また，64ビットのWindows上の32ビットのプロセスは4GB，64ビットのプロセスは最大で128TBのアドレス空間をもつ．

また，メモリマネージャは，共有メモリ（3.4節参照）の機能も提供している．これによって，プロセス間通信で利用するセクション（section）と呼ばれる共有メモリ領域を提供したり，キャッシュマネージャによるマップドファイルI/Oを実現している．

**(4) プロセスマネージャ**

プロセスマネージャ（process manager）は，プロセスおよびスレッドの生成と削除を行うものである．このため，環境サブシステムにおけるプロセス生成およびスレッド生成のためのサービスを行うが，プロセスとスレッドに関する親子関係や階層構造などに関しては一切関知しない．これらは，環境サブシステムで定義される．

Windowsでは，プロセスもスレッドもオブジェクトである．したがって，プロセスの生成と削除は，オブジェクトの生成と削除として扱われる．例えば，Win32アプリケーションプログラムがプロセスを生成しようとすると，Win32サブシステムにプロセスを生成するようメッセージが送信され，Win32サブシステムはプロセスマネージャを呼び出す．次に，プロセスマネージャは後述のオブジェクトマ

---

[10] ブート構成データ（boot configuration data; **BCD**）の "increaseuserva" を設定することで，3GBまで割り当てることができる．

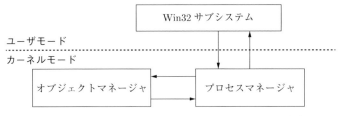

図 **8.3** Windows におけるプロセス, スレッドの生成

ネージャを呼び出し, プロセスオブジェクトを生成し, そのハンドル[*11]を Win32 サブシステムに返す. すると, Win32 サブシステムは再びプロセスマネージャを呼び出し, プロセス実行のためのスレッド生成を行う (図 **8.3**).

また, プロセスマネージャは, メモリマネージャおよび後述のセキュリティ参照マネージャと連携し, プロセス間の保護機能も提供している.

**(5) オブジェクトマネージャ**

オブジェクトマネージャ (object manager) は, オブジェクトの生成, 削除, 保護, 追跡などの管理を行うものである. なお, Windows には, 主として Executive オブジェクト, Kernel オブジェクト, GDI/User オブジェクトの3種類のオブジェクトがあるが, オブジェクトマネージャが管理するのは, このうち GDI/User オブジェクトである.

Windows では, 以下のようなオブジェクトマネージャの設計目標を掲げている.

- システムの資源を, 統一したメカニズムで提供する.
- オブジェクト保護のために, 一貫性のあるオブジェクトへのアクセスポリシーを確保する.
- 資源の使用制限を設けるためのメカニズムを提供する.
- オブジェクトで容易にほかのオブジェクトを取り込めるようにする.
- 親プロセスから資源を継承する機能を提供する.
- オブジェクトが終了するまで保持に関して, 統一したルールを提供する.

---

[*11] ハンドル (handle) とは, オブジェクトへアクセスするための参照であり, 一種のポインタである. しかし, ポインタがオブジェクトのアドレスだけを格納したものであるのに対し, ハンドルはそれに限らない.

**(6) コンフィグレーションマネージャ**

コンフィグレーションマネージャ（configuration manager）はレジストリの生成と管理を担っている．レジストリ（registry）はシステムの起動や設定，Windowsを制御するシステム全体のソフトウェア設定，さらにはセキュリティデータベースやユーザごとの個人設定，例えばスクリーンセーバに何を使用するかなどに関するデータベースである．

**(7) プラグアンドプレイマネージャ**

プラグアンドプレイマネージャ（plug and play manager）は Windows がハードウェア構成を認識するほか，構成が変化したことを認識し，またその変化に適応する能力をサポートするための主要構成要素である．

これによって，ユーザはハードウェアのしくみや，デバイスの取付け，取外しのための手順を知ることなく，デバイスの追加や削除ができるようになる．

**(8) 電源マネージャ**

電源マネージャ（power manager），プロセッサ電源マネジメント（processor power management），電源マネジメントフレームワーク（power management framework）は連係して電源を調整し，デバイスドライバに対してパワーマネジメント I/O 通知を行う．

例えばプロセッサ電源マネジメントはシステムがアイドル状態のときにプロセッサをスリープさせることで消費電力を抑える．

なお，電源マネージャが電源管理を行うには UEFI（unified extensible firmware interface）の一部である ACPI（advanced configuration and power interface）に準拠したハードウェアが必要である．ACPI には S0（完全にオン）から S5（完全にオフ）まで6段階のシステム電源状態がある．

**(9) セキュリティ参照モニタ**

セキュリティ参照モニタ（security reference monitor）はセキュリティコンテキスト（security context）[12]を含むアクセストークンのデータ構造の定義，オブジェクトに対するセキュリティアクセスチェックの実行，そして，セキュリティ監査結果のメッセージ生成を行うものである．これにより，システムのすべての

---

[12] 証明書や秘密キー，ユーザ ID など，認証を要求する際の証明書や，送信者の識別子などのセキュリティ情報のこと

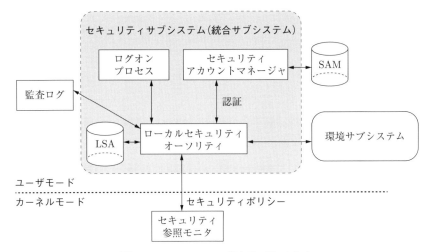

図 **8.4** Windows の統合サブシステム

資源に対するアクセスを管理することができ，監査チェックを統一した方法で行うことができる.

すなわち，あるプロセスがあるオブジェクトを開こうとするとき，オブジェクトマネージャは必ずセキュリティ参照モニタを呼び出し，セキュリティ参照モニタがそのプロセスのアクセストークンと開こうとしているオブジェクトのアクセス制御リスト（5.4 節参照）とを比較し，アクセスの正当性をチェックする.

このセキュリティ参照モニタ以外の Windows セキュリティモデルの構成要素は，図 **8.4** に示すように，ユーザモードで動作するサブシステムとして提供されている．これらサブシステムにはログオンプロセス（logon process），ローカルセキュリティオーソリティ（local security authority；**LSA**），セキュリティアカウントマネージャ（security account manager；**SAM**）がある．ログオンプロセスは，ユーザからのログオン要求に応答するものである．また，LSA は Windows のセキュリティサブシステムのコアをなすもので，アクセストークンの生成，ローカルセキュリティポリシーの管理，ユーザ認証，セキュリティ監査メッセージのロギングを行う．SAM は，ユーザアカウントのデータベースを管理する.

これらのサブシステムは Windows 全体に影響を与えることから，統合サブシステム（integrated subsystem）と呼ばれる.

Windows は，米国国防総省（United States Department of Defense）の規定する **C2** セキュリティレベル（C2-level security）に準拠している．

**(10) ローカルプロシージャコール機能**

Executive に実装されているローカルプロシージャコール（local procedure call ; **LPC**）機能は，サーバである環境サブシステムとそのクライアントであるアプリケーションプログラム間の通信機能を提供するものである．ネットワーク上で通信を行うときに利用される RPC をモデルにつくられたものであるが，同一のコンピュータ内で 2 つのプロセスが通信するために最適化がなされている．LPC は，Windows 全体の性能を向上させるうえで非常に重要な要素である．

Windows では個々のアプリケーションプログラムは，LPC を使用して環境サブシステムと通信するが，メッセージの受渡し処理は，RPC と同様にスタブ（ダミーの API）機能を使用してアプリケーションプログラムから隠蔽されている．つまり，アプリケーションプログラム側では，実際のメッセージの受渡し方法を知る必要がない．また，呼び出された機能が別のサブシステムやプロセスで実行されていることや，メッセージを送信したことさえ知らない．

具体的には，アプリケーションプログラムがある関数を呼び出すとリンクされたスタブが，その関数を実現しているサーバ，すなわち環境サブシステムに対して呼出しのパラメータをパッケージ化して送信する．そして，受け取ったサーバが要求を実行し，処理結果をまた LPC を使用して，アプリケーションプログラムへ通知する（図 **8.5**）．

ユーザがサブシステムのサービスを受けようとするときは，サーバが用意し，公開する接続ポートオブジェクトを開き，接続要求を送る．すると，要求を受け

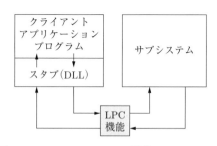

**図 8.5** Windows の LPC 機能
（DLL：ダイナミックリンクライブラリ）

取ったサーバが, サーバからクライアントへのメッセージ送信用, クライアント
からサーバへのメッセージ送信用の 2 つの通信ポートオブジェクトを生成するの
で, これによって LPC におけるメッセージの受渡しが行われるのが基本である.
これには次の 3 種類の方法がある.

i) ポートメッセージキューを用いてメッセージの交換をする (256 B 以下の
メッセージ受渡しに適している).

ii) 送信側が共有メモリ上にセクションオブジェクトを生成し, そのポインタ
と大きさを含むメッセージをポートメッセージキューを介して送信する.
すなわち, 送信側はセクションオブジェクトに送信メッセージをおき, 受
信側はセクションオブジェクトから直接メッセージを受け取る (i) の方法
と比べて, より大きなメッセージ受渡しに適している).

iii) 通信ポートオブジェクトを使用せず, セクションオブジェクトと同期イベン
トオブジェクトを直接サーバに用意させて, メッセージ受渡しの通信を行
う. これは, Win32 サブシステムにおける後述のウィンドウマネージャと
GDI の呼出しにのみ使用される方法で, **高速 LPC** (high speed LPC) と
呼ばれる.

**(11) ウィンドウマネージャ**

ウィンドウマネージャ (Window manager) (**USER**) は, Windows の GUI を
作成するものである. なお, Windows NT 3.51 まではユーザモードで動作する
Win32 サブシステム内で動作していたが, Windows NT 4.0 におけるアーキテク
チャの変更によって, Executive の一部としてカーネルモードで動作するように
なった.

これは, 個々のアプリケーションプログラムに対して, 画面にウィンドウやボ
タンなどを作成するための機能を提供する. すなわち, これらの機能は, 呼出し
に応じてウィンドウマネージャから後述の GDI へと渡され, さらに GDI からグ
ラフィックデバイスドライバへと渡される.

また, ユーザの操作によって, ウィンドウサイズの変更やウィンドウの移動,
カーソルの移動, アイコンの選択などの変化が生じると, ウィンドウマネージャ
から個々のアプリケーションプログラムにその変化が通知される.

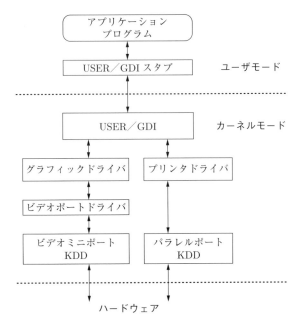

図 **8.6**　GDI とグラフィックドライバ
（KDD：カーネルモードデバイスドライバ）

**(12) グラフィックデバイスインタフェース**

グラフィックデバイスインタフェース（graphic device interface; **GDI**）は，ディスプレイ，プリンタ，ファクシミリなどのグラフィック出力装置と通信するための標準的なインタフェース，一般にグラフィックエンジン（graphic engine）と呼ばれる機能を提供するものである．これを使用することで，アプリケーションプログラム側で個々のグラフィックデバイスとのインタフェースを用意する必要がなくなる．なお，Windows NT 3.51 までは Win32 サブシステムの一部としてユーザモードで動作していたが，ウィンドウマネージャと同じく，Windows NT 4.0から Executive に移動し，カーネルモードで動作するようになった[13]．

GDI は，テキスト，直線，円などの描画，図形の移動などのグラフィック操作に必要な関数を提供する．これらの機能は，呼出しに応じて GDI からグラフィッ

---

[13] これは，グラフィックに関するシステムコールを高速化するためのシステムアーキテクチャの変更であった．

クドライバへと渡され，最終的にグラフィック出力装置に送られる（図 8.6）．

　ここで，グラフィックドライバ（graphics driver）とはグラフィック出力装置と GDI が通信するためのデバイスドライバのことであり，GDI の出力要求をそれぞれのグラフィック出力装置に固有の出力要求に変換するものである．特にカーネルモードで動作することを表すため，カーネルモードグラフィックドライバ（kernel mode graphics driver）と呼ばれることもある．また，グラフィック出力装置ごとにディスプレイドライバ，プリンタドライバなどとも呼ばれる．

　Windows ではドライバが階層化されており，例えばディスプレイドライバの場合，さらに下位のドライバであるビデオミニポートカーネルモードデバイスドライバと組み合わせて利用することになる．グラフィック出力装置に直接アクセスし，制御できるドライバをカーネルモードデバイスドライバ（kernel mode device driver）という．

## 8.4　環境サブシステム

　環境サブシステム（environmental subsystem）は，Windows の基本となる Executive システムサービスの一部をアプリケーションプログラムに対して公開するものである．これには，Windows サブシステム（Win64 サブシステム，Win32 サブシステム），WSL などがある．

　**Windows** サブシステム（Windows subsystem）は Windows の基本動作に必要な環境を提供するものである．また，**Win64** サブシステム（Win64 subsystem）は，画面への出力，キーボードやマウスの入力などの制御を行っているほか，すべてのプロセスを起動するために使用されるものである．

　すなわち，あるアプリケーションプログラムが起動したとき，Win64 サブシステムはまずそのアプリケーションプログラムが Win64 アプリケーションプログラムであるかどうかをチェックし，異なる場合は，そのアプリケーションプログラムを実行するために適切なサブシステムを起動して制御を渡す．前述のとおり，環境サブシステムはいずれもユーザモードで動作する独立したアプリケーションプログラムであるので，ある環境サブシステムのクラッシュ（異常終了）がほかの環境サブシステムに影響を与えることは基本的にはないが，このような理由で，Win64 サブシステムがクラッシュするとシステムが動作しなくなる．

以下，個々の環境サブシステムについて概説する．

## 1. Win64 サブシステム

**Win64** サブシステムは，コンソール（console）[14]やそのほかの**環境ファンク**
**ション**（environmental function）[15]などの機能を提供する 64 ビット Windows の基
本となる環境である．ユーザモードで動作するため，**CSR サブシステム**（certificate
signing request subsystem）とも呼ばれる．

## 2. Win32 サブシステム

**Win32** サブシステム（Win32 subsystem）は，32 ビット Windows の基本とな
る環境である．32 ビットアプリケーションプログラムを 64 ビット Windows で実
行する場合，**WoW64**（Win32 emulation on 64 ビット Windows）を使用して実
行する[16]．

なお，Windows NT 3.51 までは，このサブシステムにウィンドウマネージャ，
GDI，グラフィックドライバなども含まれていたが，Windows NT 4.0 からはこ
れらの機能は Executive へ移動し，カーネルモードで動作するようになった

## 3. WSL

**WSL**（Windows subsystem for Linux）は Linux の関数呼出しを LXCore/LXSS
システムによって Windows のカーネルの関数呼出しに変換するものである．こ
れによって Windows でさまざまな Linux のアプリケーションプログラムを実行
することができる．ただし，当初は Windows のカーネルがすべての Linux の関
数呼出しを実装しておらず，実行できないプロセスが存在し，完全な互換性はな
いことが問題であった．

一方，従来の WSL とは異なるアーキテクチャをもった WSL 2 が Windows 10

---

[14] テキストウィンドウのサポート，シャットダウン，ハードエラー処理などの機能を提供す
るもの．

[15] プロセスの生成や削除など，アプリケーションプログラムに必要な機能を提供するもの．

[16] 最近の Windows では，ARM32 アプリケーションプログラムや x86 アプリケーション
プログラムを ARM64 システムで実行できるように WoW が拡張されている．

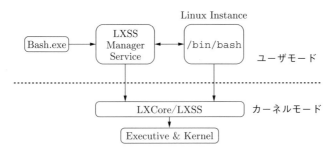

図 **8.7** WSL のアーキテクチャ

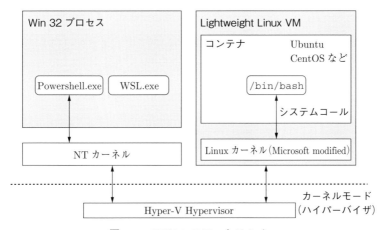

図 **8.8** WSL 2 のアーキテクチャ

May 2020 Update から提供されるようになった．WSL 2 では，専用に開発された
軽量ユーティリティ VM（9.1 節参照）上で，WSL 2 用に最適化された Linux の
カーネルを実行することよって GNU/Linux 環境を変更することなく，Windows
で直接実行することができる．この軽量ユーティリティ VM は Hyper-V の分離
コンテナで実装されており，従来の VM とは異なり，起動時間やメモリの消費量
が抑えられている．

　WSL 2 は VM 上の Linux で Linux の機械語プログラムを実行するため，理論上
はこれによって Windows と Linux は WSL 2 上では 100%の互換性があり，WSL 1
で動作しなかったアプリケーションプログラムも動作するようになっている．

　なお，WSL 1，WSL 2 ともに元来の環境サブシステムとは異なるアーキテクチャ

を採用していることから，厳密には環境サブシステムとはいえない．

## 演習問題

1. Windows の特長を 5 つ以上あげ，その内容を説明せよ．
2. Windows において，クライアントとサーバは LPC 機能を使用して通信を行うが，この LPC はメッセージの受渡し方法の違いによって 3 種類に分類できる．それぞれについて説明せよ．
3. Windows PC でパフォーマンスモニタを使用して，スレッドスケジューリングの状態変化を観察せよ．
4. 上の 3. と同じく，Windows PC でパフォーマンスモニタを使用して，割込みと DPC 処理の様子を観察せよ．

# 第9章
# コンピュータやOSの仮想化

　現在のコンピュータの世界において，仮想化は欠くことのできないメカニズムである．仮想化によって，1台のコンピュータを複数の独立したコンピュータとして稼働させたり，計算機資源をより有効に利用したりすることが可能となる．

　本章では，コンピュータにおける仮想化の概要について触れ，その後，近年，重要性を増している仮想化手法であるコンテナ技術について述べる．

## 9.1　仮想化技術とは

　コンピュータの世界における**仮想化**（virtualization）とは，実際には存在しない計算機資源（computing resource，コンピューティングリソース）をあたかも存在するかのように「見せかける」技術のことである．第1章，および，第4章において取り上げられている仮想記憶などは最も初期の段階から仮想化技術が利用されている例であり，その点では1960年代から商用化されている技術である．本章では，クラウドシステム（cloud system）が普及している背景なども踏まえて，単にメモリに留まらず，コンピュータ全体やOSを仮想化する技術について取り上げることにする．

　コンピュータの仮想化技術は，1960年代にはすでにIBMによって開発され，メインフレーム（1章に登場したシステム/360）において稼働している．当初は，1台のハードウェア上でシングルユーザのOSを複数稼働させることによって，

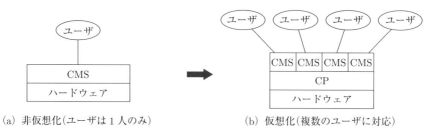

(a) 非仮想化(ユーザは 1 人のみ)　　　(b) 仮想化(複数のユーザに対応)

図 **9.1**　最初期の仮想化技術 (IBM CP/CMS)

複数のユーザにサービスを提供する目的で使用された (図 **9.1**). ここで, OS の部分が **CMS** (conversational monitor system), コンピュータを仮想化する機能を提供する部分が **CP** (control program) という名前であり, これらを合わせた全体が **CP/CMS** である. CP によって 1 台のハードウェアが仮想化され, あたかも複数台のハードウェアが存在するかのように「見える」ため, 複数の CMS を稼働させることが可能となり, ひいては複数のユーザが同時にコンピュータを利用できるようになった.

このように, 物理的には 1 台のハードウェアを複数台のハードウェアに「見せかける」のがコンピュータの仮想化であり, 仮想化されたそれぞれを仮想計算機 (virtual machine; **VM**) と呼ぶ.

コンピュータの仮想化技術には, さまざまな利点がある. いくつか例をあげると

i)　複数台のサーバを集約して 1 台の物理サーバ上で稼働させることによって, 物理ハードウェアの利用効率を高めることができる. これは, きわめて多数のサーバを必要とするクラウドサービスなどにおいて, 特に重要である.

ii)　異なるバージョンの OS を並行して稼働させることによって, 複数のハードウェアを用意するコストをかけることなく, OS 更新時のテストを行うことができる.

iii)　異種, 異バージョンの OS を同時に動作させることによって, 移植性の高いソフトウェアを開発するための環境を用意できる. また, 仮想化によってそれぞれの環境を隔離することができるので, 互いに影響を与えない形で開発や実験を行うための環境を用意できる.

iv)　VM として見えるハードウェアは仮想環境を提供するソフトウェアによっ

て抽象化されているため，特定の物理ハードウェアへの依存性を減らすことができる．すなわち，物理ハードウェアが異なっていたとしても VM 上の OS やアプリケーションからは違いが見えないため，故障や老朽化，性能不足などの理由で物理ハードウェアを更新する際に，OS やその上で動作するアプリケーションプログラム一式を容易に別の物理ハードウェアに移しかえることができる．

などである．このため，現在，仮想化技術は非常に広く応用されるにいたっている．

## 9.2 仮想化のアプローチ

### 1. ハードウェア仮想化

ハードウェア仮想化（hardware virtualization）のアプローチとして，ハイパーバイザ（hypervisor），あるいは **VMM**（virtual machine monitor）と呼ばれる方式がある（以下ではハイパーバイザと呼ぶ）．

ハイパーバイザ方式は，ハードウェアを仮想化して制御するために，一般的な OS に比べれば小規模のソフトウェアを用意し，その上で各種の OS を稼働させる方式である（**図 9.2**）．

ここで，ハイパーバイザによって提供される VM 上で動作する OS をゲスト **OS**（guest OS）という．

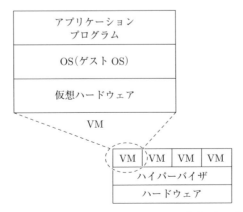

図 **9.2** ハイパーバイザ上で動作する仮想計算機（VM）の構成

　なお，条件が整えばVM上でさらにハイパーバイザを実行することも可能であり，このような入れ子（nest）の形態のVMを **nested VM** という．nested VMではオーバヘッドが特に大きくなるため，実用的な速度で動作させるためには一般にハードウェアによるサポートが必要である．

## (1) タイプ1ハイパーバイザとタイプ2ハイパーバイザ

　ハイパーバイザの動作形態として，直接ハードウェア上でハイパーバイザを動作させる形態と，何らかのOS上で動作させる形態がある．前者のハイパーバイザを**タイプ1ハイパーバイザ**，あるいは**ベアメタル型ハイパーバイザ**（bare-metal hypervisor），後者のハイパーバイザを**タイプ2ハイパーバイザ**，あるいは**ホスト型ハイパーバイザ**（hosted hypervisor）と呼ぶ．

　タイプ1ハイパーバイザの例として VMware ESXi, Microsoft Hyper-V, Linux KVM などがあり，タイプ2ハイパーバイザの例として Parallels Desktop, VMware Workstation, Oracle VirtualBox, Oracle Solaris Zones などがある．

　タイプ2のハイパーバイザはタイプ1に比べてオーバヘッドが大きくなるため，実運用におけるサーバ提供といった目的ではなく，ソフトウェア開発時のテスト環境の提供やホストOS[※1]では動作しないアプリケーションプログラムを動作させる目的で使用されることが多い．

## (2) ハイパーバイザの基本的なしくみ

　タイプ1ハイパーバイザの場合，ハイパーバイザのみがプロセッサの特権モードを用いてハードウェアを制御できる（ゲストOSはできない）．すなわち，仮想化されていない場合にOSが占める特権モードの位置を，ハイパーバイザが占めることになる．その状態でゲストOSがハードウェアを制御するような（特権）命令を発行すると，実行できずにトラップが発生し，それによって呼び出されたハイパーバイザが，ゲストOSごとに分離した形でハードウェアの制御を代行する．したがって，ハードウェアを制御するが，トラップを引き起こさないような命令をもつプロセッサは仮想化することができない[1)]．

　この制限を突破するためには，**バイナリ変換**（binary translation）技術を用いる方法がある．すなわち，ゲストOSのカーネルを実行前に走査し，問題となる

---

[※1] タイプ2ハイパーバイザにおいて，ハイパーバイザが動作するOSをホスト**OS**（host OS）と呼ぶ．

（そのままでは実行不可能な）命令を，ハイパーバイザを呼び出す命令に書きかえてしまうのである．これによって，必要な時点でハイパーバイザが介入し，ハードウェアの制御を行うことができるようになる．

タイプ2ハイパーバイザの場合には，特権モードで実行されるのはホストOSのカーネルであり，ゲストOSがそのままトラップを発生させたとすると，ハイパーバイザではなくホストOSが呼び出されてしまう．そこで，この場合にもバイナリ変換技術を用いてハイパーバイザ呼出しを行わせることで，トラップを使用せずにハイパーバイザの介入が可能となる．介入したハイパーバイザは，システムコールによってホストOSを呼び出すことで，仮想的なハードウェアの実行を実現する．

## (3) 完全仮想化と準仮想化

ハイパーバイザによっては，ハードウェアそのものではなくもう少し抽象度の高い機能，すなわち，OSレベルで提供される機能の一部をゲストOSに提供する場合がある．ここで，仮想化されたハードウェアを直接ゲストOSに提供する方式を完全仮想化（full virtualization）と呼ぶのに対し，抽象度の高い機能を提供する方式を準仮想化（paravirtualization）と呼ぶ．

完全仮想化の場合，ゲストOSから見れば仮想化されたハードウェアと物理的なハードウェアには差がないように見える[2]ため，ゲストOSとして通常のOSをそのまま動作させることができる．

これに対して，準仮想化の場合，機械語命令よりも抽象度の高い機能単位でハイパーバイザを呼び出す．これをハイパーコール（hypercall）と呼び，通常のOSにおけるシステムコールに相当する動作である．ハイパーコールを使用するためにはゲストOSを修正する必要があるが，そのかわりにオーバヘッドが低減され，実行速度の向上が可能となる．これは，特に補助記憶装置やネットワークインタフェースなどの高速な処理が要求される部分において有効である．

準仮想化を採用したハイパーバイザの例としてXenがあげられるが，Xenを含めて，現在のハイパーバイザは完全仮想化と準仮想化の両方をサポートすることも多い．

---

[2] ただし，ハイパーバイザが提供する仮想化ハードウェアと，ハイパーバイザが実際に動作しているコンピュータの物理ハードウェアは同一とは限らない．

## 2. OS レベル仮想化

OS レベル仮想化（OS-level virtualization）とは，実際には 1 つの OS を仮想化することによって，複数の OS が動作しているように見せかけ，それぞれの上で独立した形でアプリケーションプログラムを動作させる形態である．ここで，「複数の OS が動作している」とは，異なった種類の OS が動作しているという意味ではなく，OS が計算機資源を分割管理することによって，あたかも異なるハードウェア上で動作しているかのごとく，分離した環境で OS の機能を提供するという意味である．この例として，FreeBSD jail, Linux VServer, Solaris Containers, Open VZ などがある．

OS レベル仮想化は，名前のとおり OS が提供する機能であり，提供される OS が 1 種類となるかわりにシステムコールが発行された後の処理はほぼ通常の処理で済むことが特長である（ただし，仮想化されたそれぞれの OS ごとに分離する必要はある）．つまり，デバイスレベルの挙動まで仮想化する必要がなく，オーバヘッドが少ない．

## 3. コンテナ

コンテナ技術による仮想化は，2010 年代中ごろより提供されるようになり，その後，きわめて盛んに利用されるようになった[※3]．

コンテナ（container）は OS レベル仮想化技術の一種と考えることができ，ホスト OS のプロセス空間やメモリ空間，ファイルシステム空間などについてその一部を切り出し，隔離した形でアプリケーションプログラムに対して提供するものである（図 **9.3**）．このため，ハードウェア仮想化に比べてきわめてオーバヘッドが少なく，同時に多数動作させることが容易である．コンテナは，当初 Linux 上で開発されたが，その後，Windows においてもサポートされ，利用できるようになっている．

なお，コンテナ技術では，ハードウェア仮想化や OS レベル仮想化とは異なり，

---

[※3] 一般に，コンテナとは OS において計算機資源を分割し，それぞれを隔離してアプリケーションプログラムに提供する技術を指し，上にあげた FreeBSD jail や Solaris Containers などが提供する隔離環境もコンテナと呼ばれるが，本章において単にコンテナという場合には，docker によって注目されるようになった，よりシンプルな隔離環境を意味するものとする．

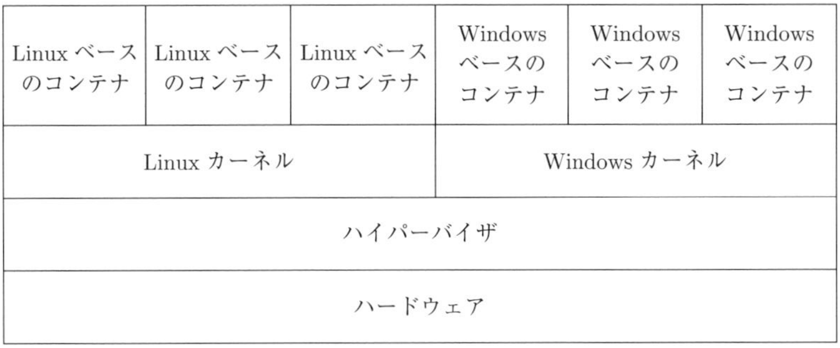

| Linux ベース のコンテナ | Linux ベース のコンテナ | Linux ベース のコンテナ | Windows ベースの コンテナ | Windows ベースの コンテナ | Windows ベースの コンテナ |
|---|---|---|---|---|---|
| Linux カーネル | | | Windows カーネル | | |
| ハイパーバイザ | | | | | |
| ハードウェア | | | | | |

図 **9.3**　複数の異なるカーネルを使用するコンテナ実行環境の例

実際にアプリケーションプログラムのプロセスを動作させるのがホスト OS のカーネルであるため，仮想化によって提供される OS カーネルはホスト OS と同一のものとなる．

　したがって，ホスト OS とは異なるカーネルを必要とするコンテナを実行したい場合，ハイパーバイザ等と組み合わせて使用する必要がある．

　例えば，Docker Desktop for Mac では，macOS が提供するハイパーバイザ機能を用いて Linux カーネルを実行し，そのうえで Linux 用コンテナを動作させている．その際，プロセッサエミュレーションを組み合わせることによって，異なるプロセッサアーキテクチャのコンテナを動作させるしくみも提供されている．また，Docker Desktop for Windows では，Linux 用 Windows サブシステム（WSL2）を利用して Linux 用のコンテナを実行する方法が提供されている．

## 9.3　コンテナ技術

### 1.　コンテナの特長

コンテナには

- 非常に軽量な仮想環境であり，ハイパーバイザ型の仮想環境に比べてきわめて高速に起動，終了できる．
- 消費する計算機資源が少ないため，1 つのホスト上で多数の仮想環境を起動でき，高密度のサービスを容易に実現できる．

- コンテナ内で実行されるアプリケーションプログラムに対してホスト OS から分離された実行環境を提供できるため，可搬性が高い．
- コンテナ構築のための一連の手順をファイルの形で記述するため，再現性が高い．

といった利点がある．

## (1) コンテナとマイクロサービス

コンテナを用いたシステムでは，コンテナが軽量である利点を活かし，かつ，開発やデバッグ，その後の変更等を容易にするため，1 サービス（1 プロセス）あたり 1 コンテナの形で構築することがよいとされている．これは，小さな規模のサービス，すなわち，マイクロサービス（microservice）の集まりとして全体のサービスを構成するという考え方であり，Unix 系 OS において，単機能のコマンドを組み合わせて処理を実行するのと似た考え方であるといえる．

マイクロサービスアーキテクチャを志向することによって，1 つのコンテナの構成を単純なものとすることができ，開発や運用が容易になるという利点がある．

## (2) コンテナとソフトウェア開発

コンテナの特長の 1 つに，コンテナ内部の環境がホスト側の環境によらず，常に同一であるという点があげられる．これは，ハードウェア仮想化でも実現できるが，ハードウェア仮想化によって提供される VM は複雑であり，実際に利用者に対してサービスを提供する仮想化環境と開発者の手もとにある PC の仮想化環境をまったく同一にすることは困難である．このことが，開発時に発覚しなかったバグが実運用時にはじめて見つかったりする要因となることがある．

対して，コンテナ技術による仮想化の場合には，クラウドシステムで用いられるようなデータセンタのサーバから開発用の PC にいたるまで，ホスト環境のハードウェアや OS によらず同一の環境においてアプリケーションプログラムを実行することができる．もちろん，コンテナの外にある記憶領域などの環境までは同一にできない場合もあるが，かなりの程度，ホスト環境の相違をアプリケーションプログラムから隠蔽することが可能である．

したがって，コンテナ技術による仮想化によって，開発者はきわめて実環境に近い状態で開発，試験，デバッグを行うことができ，運用環境への移行がスムーズに行える．これによって，開発と運用のサイクルをすばやく回せるようになる

という点も，コンテナ技術による仮想化が広く普及した理由の1つである．

## 2. コンテナランタイム

コンテナランタイム（container runtime）とは，コンテナの実行を司るプログラム実行環境のことであり，高レベルコンテナランタイム（high-level container runtime）と低レベルコンテナランタイム（low-level container runtime）の2つのレベルから構成される．

高レベルコンテナランタイムは，コンテナ管理システム[*4]からの指示を受け取り，それにしたがって低レベルコンテナランタイムを起動する役割をもつ．また，コンテナイメージの管理を行うのも高レベルコンテナランタイムの役割である．実装例に，containerd や cri-o[3] がある．

コンテナ管理システムと高レベルコンテナランタイムとの間のインタフェースは，ベンダ中立な財団である **CNCF**（cloud native computing foundation）によって **CRI**（container runtime interface）として規定されており，**gRPC**[*5]によって通信を行う[4]．

対して，低レベルコンテナランタイムは，高レベルコンテナランタイムからの指示にしたがって実際にコンテナを生成し，起動する役割を担う．ここで，低レベルコンテナランタイムが実行できるコンテナの仕様は **OCI ランタイム仕様**（open container initiative runtime specification）[5] に規定されており，この仕様にしたがったコンテナであれば，コンテナランタイムの実装を問わずに実行が可能である．このため，低レベルコンテナランタイムは **OCI ランタイム**（OCI runtime）と呼ばれることもある．

低レベルコンテナランタイムの実装には，runC[6]，gVisor[7]，firecracker-containerd[*6]，Kata Containers[8]，Nabla Containers[9] などがある．

runC を用いて実行されるコンテナは，ホスト OS のカーネルを共有する形で実行される．このため，runC 自体に脆弱性（vulnerability）があると，特定のコン

---

[*4] docker や Kubernetes[11] など，コンテナの制御・管理を行うシステム．
[*5] Google が開発し，オープンソース化した RPC．現在は CNCF 傘下で開発が進められている．
[*6] https://github.com/firecracker-microvm/firecracker-containerd
（2022 年 8 月確認）

テナを通してホスト OS への侵入を許す可能性がある．そこで，コンテナどうし
を隔離することによってセキュリティレベルを高めた低レベルコンテナランタイ
ムが開発されている．

その 1 つである **gVisor** は，Google が開発した，セキュリティに配慮したコン
テナランタイムを実現するためのカーネルである．gVisor は，ホスト OS 上のユー
ザ空間で実行され，コンテナから見ればカーネルのように振る舞うが，実際にはシ
ステムコールを受け取ってホスト OS のカーネルに中継する働きをもつ．この際

i) システムコールをそのままホスト OS のカーネルに中継するのではなく，独
自に実装することによってカーネルと同じ脆弱性をもつ可能性を減らす．

ii) コンテナの実行に不要なシステムコールを実装しないことによって攻撃の
手段を減らす．

iii) gVisor から利用できるホスト OS の機能を最小化することによって攻撃の
手段を減らす．

といった設計がなされており，安全性が高められている．

ただし，その一方で Linux カーネルとの互換性が完全ではない[*7]ことに起因す
る問題が発生する可能性がある．

gVisor において使用される低レベルコンテナランタイムが runsc であり，これ
は OCI ランタイム仕様を満たしているため，containerd のような高レベルコンテ
ナランタイムから呼び出すことができ，gVisor 上でのコンテナ実行を可能とする．

また，Amazon が開発した軽量仮想化機能である **Firecracker**[10] を利用して
コンテナを実行するプログラムが **firecracker-containerd** である．Firecracker
は，いわゆるサーバレスコンピューティングサービスである AWS Lambda のため
に開発された，軽量な VM（microVM）[*8]を提供することを特長とする仮想化機能
であり，KVM 上に実装されている．firecracker-containerd は，まず Firecracker
によって microVM を生成し，さらにその上にコンテナを生成する．これによっ
て，個々のコンテナを microVM によって隔離できるため安全性が高くなるが，そ
の反面，microVM といえどもそれなりのオーバヘッドが生じるというデメリット

---

[*7] 執筆時点において，amd64 版カーネルの 347 個あるシステムコールのうち，92 個は実
装されていない．また，残りの 255 個にも機能の一部しか実装されていないものがある．

[*8] コンテナあたり 5 MB 以下のメモリを消費し，125 ms 以下で起動する[11]．

もある.

このほか, VMによるコンテナ隔離を行うシステムとしては, オープンソースのクラウド基盤である **OpenStack** の開発などをホストしている Open Infrastructure Foundation がサポートする **Kata Container** がある.

さらに, **Unikernel**[12] にもとづく実装が, IBM の Nabla Container プロジェクトで開発されている **Runnc** である. Unikernel は, その上で実行されるアプリケーションプログラムの動作に必要な最小限の機能だけを含むカーネルであり, 機能をしぼり込んだ分だけ軽量で安全なカーネルとなっている. Runnc では, gVisor と同様に, ホスト OS 上で動作するユーザ空間カーネルの形で unikernel[*9]を動作させ, その上でコンテナを実行することでセキュリティレベルを高めている. ただし, 一般的なコンテナイメージを使用することができず, 専用のイメージをビルドして使用しなければならないこと, ライブラリを実行時に動的にロードできないこと, および, 起動したコンテナ内で別のコマンドを実行 (docker exec) できないこと, といった制約がある.

## 3. コンテナランタイムの実装技術

実行の観点からいうと, コンテナとは「隔離されたプロセス」である. これを実現するために, ホスト OS 上で実行されるプロセスの1つ (あるいは複数) を他のプロセスから隔離し, OS 上にその (それらの) プロセスだけが存在するかのように「見せかける」機能を提供するのがコンテナランタイムの役割である.

コンテナがきわめて軽量であり (計算機資源の消費が少なく, 短時間で立ち上げることができる), 1つのホスト上に多数のコンテナを同時に立ち上げることができるのは, この単純さゆえである.

以下では, Linux 上の runC を対象に, コンテナランタイムの実装技術の基本について説明する.

### (1) プロセス空間の分離

上で述べたように, 各コンテナの内部においては, そのコンテナ内で動作するプロセスのみが存在するように見える. しかし, 実際には各プロセスはホスト OS のカーネル上で動作しており, ホスト OS からはすべてのコンテナ内のプロセスが

......................................

[*9] このカーネルは, ホスト OS のカーネルに対して, 7種のシステムコールのみを発行する.

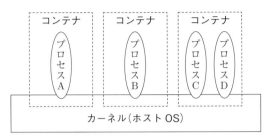

図 9.4 プロセス名前空間の分離

表 9.1 カーネルから見たプロセス番号と
コンテナ内部におけるプロセス番号

| | カーネルから見たプロセス番号 | コンテナ内でのプロセス番号 |
|---|---|---|
| プロセス A | 123 | 1 |
| プロセス B | 234 | 1 |
| プロセス C | 510 | 1 |
| プロセス D | 512 | 2 |

表 9.2 名前空間の種類

| 名前空間 | 分離されるリソース |
|---|---|
| IPC | System V IPC, POSIX メッセージキュー |
| ネットワーク | ネットワークデバイス，スタック，ポート |
| マウント | マウントポイント |
| PID | プロセス ID |
| ユーザ | ユーザ ID, グループ ID |
| UTS | ホスト名, NIS ドメイン名 |

見えている（図 9.4）．この図 9.4 の場合には，各コンテナから見ればプロセスが
1 つないし 2 つだけ存在し，プロセス番号もコンテナごとに 1 から始まるが，カー
ネルから見れば 4 つのプロセスが存在し，すべてが異なるプロセス番号をもって
いる（表 9.1）．

このように各コンテナ内のプロセス空間を分離するためには，**名前空間**（name-
space）および **cgroup**（control group）という機構が重要な役割を果たしている．

Linux における名前空間では，表 9.2 に示すさまざまな計算機資源空間を分離
することができる．

このうち，PID 名前空間の分離機能を使用することによって，コンテナごとにプロセス ID 番号の空間を分離することができる．すなわち，複数のコンテナ内において同一のプロセス番号が存在しても問題はなく，各コンテナではそれぞれが独立して（重複を気にすることなく），1 から順にプロセス番号を使用できる．

また，各コンテナ内部において実行されるプロセス群に対して，個別にリソース割当てを管理する必要があるが，このためには，Linux のもつ cgroup が使用される．cgroup は，その名が示すとおり，プロセスをグループ化して制御する機構のことであり，これを用いることによって，グループごとにプロセッサ時間，メモリ，ネットワーク帯域幅などの資源割当てを制御することができる．そこで，コンテナごとにグループを作成し，個別に資源割当てを行うことによって，コンテナ単位での制御が可能となる．

**(2) ファイルシステムの分離**

ファイルシステムの分離とは，ホスト OS がもつファイルシステム全体の一部分，すなわちファイルシステム全体を構成する木構造（tree structure）から，その部分木（subtree）を切り出し，それだけをプロセスに見せることをいう．これは，UNIX において古く（4.2BSD UNIX）から実装されている機構である（図 **9.5**）．

ファイルシステムの分離によって，各コンテナにはホスト OS の異なる部分木が与えられ，その外側は隠蔽されるため，お互いに干渉することなく，独立して

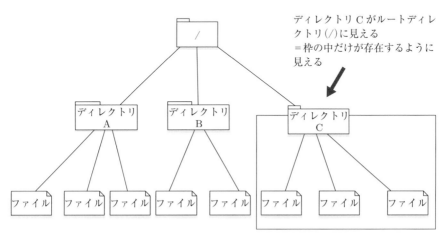

図 **9.5** ファイルシステムの分離

ファイル操作を行うことができる．ただし，特に，Linux においては，ほとんど
あらゆる計算機資源が仮想的なファイルシステムの形でアクセスできるため，こ
れらを分離することも必要である．そこで，マウント名前空間の分離機能を使用
することによってコンテナ間の独立性を保っている．

(3) コンテナイメージのファイルシステム

docker では，ベースとなるコンテナイメージから出発し，その上でソースプロ
グラムをコンパイルしたりパッケージマネージャによってアプリケーションプロ
グラムのインストールを行ったりして，実際に使用するコンテナイメージを作成
する．

この際，ビルド操作によってファイルシステムに変更が加わるたびにファイル
システムのスナップショットが記録されており，プログラムのソースコードバー
ジョン管理システムのように，過去の時点に巻き戻すことが可能である．

また，同一のイメージに異なる操作を行った場合のように，途中までが共通で
あれば，そこから分岐する形で差分をもつことによって補助記憶装置の使用量を
減らしたり，ネットワークの転送量を減らしたりすることも可能となる．

これらは，ユニオンファイルシステム（union file system）を用いて実現されて
いる[10]．

(4) ネットワークインタフェースの多重化

コンテナは，ネットワークへのアクセスを必要とすることが通常だが，このと
き，各コンテナはそれぞれ独立したネットワークインタフェースをもち，それぞ
れ独立したネットワークに接続しているように見える必要がある[11]．これにもプ
ロセスと同様に，Linux カーネルのもつ名前空間の分離機能が用いられている．

## 4. コンテナ実行基盤としての OS

アプリケーションプログラムがコンテナとして実行される状況では，ホスト OS
はコンテナの実行環境を提供することに特化した最小限のものでよいことになる．
ホスト OS を小規模なものとすれば，それ自身の実行に必要な計算機資源を軽減
できるうえ，少ないコード量で OS が記述できるようになり，ソースコードの検
証が容易となるなど，セキュリティの面でも有利である．

---

[10] デフォルトでは AUFS だが，btrfs なども使用できる．
[11] ただし，いくつかのコンテナどうしで同じネットワークを共用することも可能である．

このような考え方にもとづいて，コンテナ実行基盤に特化して開発されている
OS に

- RHL/Fedora CoreOS[13]
- Google Container-optimized OS[14]
- Amazon Bottlerocket[15]
- RancherOS[16]

などがある．

# 演習問題

1. 仮想化によってサーバを集約し，物理ハードウェアの台数を減らすことの得失について述べよ．
2. CP/CMS のように，シングルユーザの OS を複数実行してマルチユーザ化することと，マルチユーザの OS を 1 つ実行することの得失について考察せよ．
3. 昨今のサーバや PC 向けのプロセッサでは，仮想化のためのハードウェア支援機構が実装されていることが一般的である．具体的にどのようなものがあるか調べてみよ．
4. 同様に，入出力制御装置（ネットワークや補助記憶装置のコントローラ）における仮想化支援にはどのようなものがあるか調べてみよ．
5. 自分の PC で使用できるハイパーバイザについて調べ，可能であれば Linux などをゲスト OS としてインストール，実行してみよ．
6. 自分の PC にコンテナ環境をインストールし，コンテナを作成して実行してみよ．

# 略 解

## 第 1 章

1. 1.2 節を参照のこと.

2. 1.3 節 1. (3) を参照のこと.

3. (a) は 19 ページのコラムを, (b) は 1.3 節 2. (2) を, (c) は 1.3 節 2. (5) を参照のこと.

4. 19 ページのコラムを参照のこと.

5. 1.2 節の図 1.1 を参照のこと.

## 第 2 章

1. 略

2. 略

3. 再帰では, 呼出しごとに独立したローカル変数が必要である. ローカル変数をスタック上に確保することでこれを実現できる.

4. $0.95 \times 10 + (1 - 0.95) \times 50 = 12$〔ナノ秒〕

## 第 3 章

1. この処理を仮に不可分に行わないと, スレッドが wait を実行し, mutex をアンロックした直後かつ待機キューへ追加する前に別のスレッドがこの mutex をロックし, signal もしくは broadcast を実行できる. このとき, wait 側のスレッドはまだ待機キューに登録されていないためウェイクアップされず, (先に進む条件は満たされているにもかかわらず) ブロックしてしまう.

2. Unix 系 OS では, C コンパイラのオプションとして-S を指定するとアセンブリ言語のプログラムを出力できる. 例えばコマンドラインから `cca-S hello.c` というコマンドを入力すると, hello.s というアセンブリ言語プログラムが出力される.

   Windows 系はさまざまな環境があるため, 各自調べてみよ.

3. global はデータ領域, not_init は BSS 領域, main はテキスト領域, local はスタッ

ク領域にそれぞれ含まれる.

## 第 4 章

1. (1) OPT: 5 回, LRU: 7 回, クロックアルゴリズム: 6 回

   ページ参照ストリングによっては, LRU の近似であるクロックアルゴリズムのほうが, ページフォールト回数が少ないこともある.

   (2) OPT: 6 回, LRU: 11 回, クロックアルゴリズム: 11 回

   参照の局所性があるように見えても, 物理ページ数を超えた幅の局所性にはページフォールト数の減少に効果がない.

2. 内部断片化は, メモリを固定長のブロックに分割して割り当てる場合に, ブロック内に未使用の部分が生じることをいうのに対し, 外部断片化はメモリを可変長のブロックに分割して割り当てる場合に, 割当てと開放を繰り返すことで細かい未使用部分が生じることをいう.

3. 必要なページ数は

$$\frac{64 \,〔\text{GB}〕}{4 \,〔\text{KB}〕} = 16\,777\,216 \quad 〔\text{ページ}〕$$

   各レベルのページテーブルは 512 エントリあるので, L1 ページテーブルは

$$\frac{16\,777\,216}{512} = 32\,768 \quad 〔個〕$$

   必要. L2 ページテーブルは

$$\frac{32\,768}{512} = 64 \quad 〔個〕$$

   L3 ページテーブルと L4 ページテーブルはそれぞれ 1 個でよい.

## 第 5 章

1. 〔例〕MS-DOS では, ファイル名にはピリオドを 1 つのみ含めることができる. ピリオドの前には 8 文字以内, 後には 3 文字以内の文字をおくことができる. 大文字と小文字は同一視される.

   これに対して, Unix 系 OS や Windows では, 一部使用できない文字があるもののファイルの命名はかなり自由にできる.

2. 5.2 節 4. を参照のこと.

3. 5.3 節 2. を参照のこと.

4. 5.5 節 3. を参照のこと.

5. 5.6 節 2. を参照のこと.

## 第6章

1. 6.1 節を参照のこと.

2. 6.2 節を参照のこと.

3. 6.4 節 2. を参照のこと.

4. 6.4 節 3. を参照のこと.

5. 6.6 節を参照のこと.

6. (a) 11311  (b) 6795  (c) 5383

## 第7章

1. パイプラインで双方向通信を行うためには，図 7.2 に示したパイプを 2 つ用意し，それぞれを単一方向の通信として利用する.

```
pipe(p0);           /* 1つ目のパイプp0 を開く */
pipe(p1);           /* 2つ目のパイプp1 を開く */
pid=fork();
if (pid != 0) {     /* 親の処理 */
   close(p0[0]);    /* p0 の読み出し用ファイル記述子を閉じる. */
   close(p1[1]);    /* p1 の書き込み用ファイル記述子を閉じる. */
      :             /* p0 の書き込み用ファイル記述子に書き,
                       p1 の読み出し用ファイル記述子から読む. */
}else{              /* 子の処理 */
   close(p0[1]);    /* p0 の書き込み用ファイル記述子を閉じる. */
   close(p1[0]);    /* p1 の読み出し用ファイル記述子を閉じる. */
      :             /* p1 の書き込み用ファイル記述子に書き,
                       p0 の読み出し用ファイル記述子から読む. */
}
```

2. コマンドラインで A|B と入力されたとする. このとき，まず，シェルの中でパイプをつくる. 次に，2 つのプロセスを fork で作成し，それぞれ A，B のプログラムに実行を移す前に，パイプをつなぎ変える.

```
pipe(p);
pid=fork();
if (pid == 0) {   /* 子の処理 */
   dup2(p[1],1);  /* パイプの書き込み用ファイル記述子を標準出力に設定 */
```

```
    exec("A");      /* A のプログラムに制御を移す. */
}
close(p[1]);
pid=fork();
if (pid == 0) {    /* 子の処理 */
    dup2(p[0], 0); /* パイプの読み出し用ファイル記述子を標準入力に設定 */
    exec("B");      /* B のプログラムに制御を移す. */
}
close(p[0]);
```

3. i-ノード中では，ブロック番号を 4 B 長の整数で管理すると仮定する．12 個の直接ポインタが指すことができるファイルサイズの上限は 12 KB.

　間接ポインタで指すことができるファイルサイズの上限は 256 KB.

　二重間接ポインタで指すことができるファイルサイズの上限は $256^2$ KB.

　三重間接ポインタで指すことができるファイルサイズの上限は $256^3$ KB.

　以上，合計 $(2^{24} + 2^{16} + 2^8 + 12)$ KB ＝ 約 16 GB（ただし，ファイルサイズを示すフィールドが 4 B である場合は，4 B で表現できる最大数は $2^{32}$ であるので，ファイルサイズの上限は 4 GB となる）.

4. まず，root ディレクトリに対応する i-ノードを読み，ディレクトリエントリの中から，etc を探し，etc の i-ノード番号を得る．次に，etc の i-ノードを見て，etc のディレクトリエントリの中から，passwd を探し，その i-ノード番号を得る．そして，passwd の i-ノード内のポインタから passwd の中身を得る.

5. FreeBSD では，`/usr/include/ufs/ufs/dinode.h`の struct dinode を，Linux では，`/usr/include/linux/ext2_fs.h` の struct ext2_inode を参照せよ.

6. FreeBSD では，`/usr/src/sys/sys/proc.h`の struct proc を，Linux では，`/usr/include/linux/sched.h` の struct task_struct を参照せよ.

## 第 8 章

1. 可搬性，互換性，信頼性，安定性，拡張性など.

　それぞれの詳しい内容については，8.1 節 2. を参照のこと.

2. ポートメッセージキューを介しての通信，セッションオブジェクトを介しての通信，高速 LPC に関して説明すること．詳細は 8.3 節 3. (10) を参照のこと.

3. 略

4. 略

# 第9章

1. ハードウェアの台数を減らすことにより，購入やメンテナンスに要する手間や費用を削減できるという利点がある．また，設置面積や必要な空調装置も減らすことができるという利点もある．そのかわり，1台のハードウェアが故障した際に影響を受ける（仮想的な）サーバの台数が多くなるという欠点が生じる．

2. 一般にシングルユーザ OS のほうが構造が単純であり，開発や保守が容易である．しかし，仮想化された OS はそれぞれが独立して動作するため，お互いに協調することが難しい．したがって，計算機資源を有効に使うという点ではマルチユーザ OS が有利である．

3. Intel VT（Intel virtualization technology）や AMD-V（AMD virtualization）について調べるとよい．

4. PCI-SIG（PCI-special interest group）が標準化した IOV（I/O virtualization）について調べるとよい．

5. 略

6. 略

# 参考文献

## 第 2 章

1) H. J. Lu, M. Matz, M. Girkar, J. Hubička, A. Jaeger, M. Mitchell, *ed.*: System V Application Binary Interface – AMD64 Architecture Processor Supplement (With LP64 and ILP32 Programming Models) Version 1.0 (2018).

## 第 3 章

1) A. Silverschatz, P. B. Galvin, G. Gagne: *Operating System Concepts* 9th *Ed.*, John Wiley & Sons (2012).

## 第 4 章

1) Intel Corporation: Intel 64 and IA-32 Architectures Software Developer's Manual, **3** (3A, 3B, 3C & 3D): System Programming Guide (2016).
2) N. Megiddo and D. S. Modha: ARC: A Self-Tuning, Low Overhead Replacement Cache, In *Proceedings of $2^{nd}$ USENIX Conference on File and Storage Technologies* (FAST 03) (2003).
3) T. Johnson and D. Shasha: 2Q: A Low Overhead High Performance Buffer Management Replacement Algorithm, In *Proceedings of $20^{th}$ International Conference on Very Large Data Bases*, pp.439–450 (1994).
4) S. Jiang, F. Chen and X. Zhang: CLOCK-Pro: An Effective Improvement of the CLOCK Replacement, In *Proceedings of 2005 USENIX Annual Technical Conference* (USENIX ATC 05) (2005).
5) L. A. Belady: A Study of Replacement Algorithms for a Virtual-Storage Computer, *IBM Systems Journal*, **5** (2), pp.78–101 (1966).

## 第 5 章

1) A. S. Tanenbaum and H. Bos: *Modern Operating Systems*, 4th *Ed.*, Pearson (2015).
2) A. Silverschatz, P. B. Galvin, G. Gagne: *Operating System Concepts* 9th *Ed.*, John Wiley & Sons (2012).
3) W. Stallings: *Operating Systems Internals and Design Principles*, 9th *ed.*, Prentice Hall (2018).
4) 萩原 宏, 津田孝夫, 大久保英嗣:現代オペレーティングシステムの基礎, オーム社 (1988).
5) 大澤範高:コンピュータサイエンス教科書シリーズ 7 オペレーティングシステム, コロナ社 (2008).

## 第 6 章

1) A. S. Tanenbaum and H. Bos: *Modern Operating Systems*, 4th *Ed.*, Pearson (2015).

2) A. Silverschatz, P. B. Galvin, G. Gagne: *Operating System Concepts* 9th *Ed.*, John Wiley & Sons (2012).

3) W. Stallings: *Operating Systems Internals and Design Principles*, 9th *ed.*, Prentice Hall (2018).

4) 萩原 宏，津田孝夫，大久保英嗣：現代オペレーティングシステムの基礎，オーム社 (1988).

5) 大澤範高：コンピュータサイエンス教科書シリーズ 7 オペレーティングシステム，コロナ社 (2008).

## 第 7 章

1) D. M. Ritchie and K. Thompson，石畑 清，小野芳彦 共訳：UNIX タイムシェアリングシステム，*bit*, **13** (9), pp. 1079–1094（1981）.

2) K. Thompson: UNIX Implementation, *The Bell System Technical Journal*, **57** (6), Pt. 2, pp. 1931–1946（1978）.

3) M. J. Bach，坂本 文，多田好克，村井 純 共訳：UNIX カーネルの設計，*bit* 別冊，共立出版（1990）.

4) S. J. Leffler, M. K. McKusick, M. J. Karels and J. S. Quarterman，中村 明，相田 仁，計 宇生，小池汎平 共訳：UNIX 4.3BSD の設計と実装，丸善（1991）.

5) A. S. Tanenbaum，引地信之，引地美恵子 共訳：OS の基礎と応用：設計から実装，DOS から分散 OS Amoeba まで，トッパン（1995）.

6) 大木敦雄：FreeBSD カーネル入門，アスキー（1998）.

7) J. Lions，岩本信一 訳：Lions' Commentary on UNIX，アスキー（1998）.

8) B. W. Kernighan and R. Pike，石田晴久 訳：UNIX プログラミング環境，アスキー（1985）.

## 第 8 章

1) A. S. Tanenbaum and H. Bos: *Modern Operating Systems*, 4th *Ed.*, Pearson (2015).

2) P. Yosifovich, A. Ionescu, M. E. Russinovich, D. A. Solomon: *Windows Internals, Part 1* (7th *ed*), Microsoft (2017).

3) A. Allievi, A. Ionescu, M. E. Russinovich, D. A. Solomon: *Windows Internals, Part 2* (7th *ed*), Microsoft (2022).

4) A. D. Solomon，東京ネットワーク情報サービス 訳：インサイド Windows NT 第 2 版，日経 BP ソフトプレス（1998）.

5) Microsoft Corporation，アスキーネットワークテクノロジー 監修，富士通ラーニングメディア 訳：Microsoft Windows NT workstation 4.0 リソースキット，アスキー（1997）.

6) 及川卓也，藤野 衛，横山哲也，相澤泰介，佐藤哲也，野坂雅己：Windows NT 4.0 完全技術解説，日経 BP 社（1997）.

7) C. Stinson and C. Siechert，ドキュメントシステム 訳：Windows NT Workstation version4.0 オフィシャルマニュアル，アスキー（1996）.

8) 松原 敦：最新パソコン OS 技法：基本概念から次世代 OS 動向まで（日経バイトパソコン技術シリーズ），日経 BP 社（1997）.

9) マルチメディア通信研究会 編：標準 Windows NT 教科書（ポイント図解式），アスキー（1997）.

10) A. Silverschatz, P. B. Galvin, G. Gagne: *Operating System Concepts* 9th *Ed.*, John Wiley & Sons (2012).

## 第 9 章

1) G. J. Popek and R. P. Goldberg: Formal requirements for virtualizable third generation architectures, *Communications of ACM*, **17**, Issue 7, pp. 412–421 (1974).

2) Kubernetes - Production-Grade Container Orchestration, `https://kubernetes.io/`

3) cri-o - Lightweight Container Runtime for Kubernetes, `https://cri-o.io/`

4) gRPC: A high performance, open source universal RPC framework, `https://grpc.io/`

5) Open Container Initiative Runtime Specification, `https://github.com/opencontainers/runtime-spec/blob/master/spec.md`

6) opencontainers/runc: CLI tool for spawning and running containers according to the OCI specification, `https://github.com/opencontainers/runc`

7) gVisor, `https://github.com/google/gvisor`

8) Kata Containers - Open Source Container Runtime Software, `https://katacontainers.io/`

9) Nabla containers: a new approach to container isolation, `https://nabla-containers.github.io/`

10) Secure and fast microVMs for serverless computing, `https://firecracker-microvm.github.io/`

11) A. Agache, *et al.*: Firecracker: Lightweight Virtualization for Serverless Applications, *Proceedings of the 17th USENIX Symposium on Networked Systems Design and Implementation* (2020).

12) A. Madhavapeddy, *et al.*: Unikernels: library operating systems for the cloud, *ACM SIGARCH Computer Architecture News*, **41**(1) (2013).

13) Chapter 5. Red Hat Enterprise Linux Coreos (RHCOS), `https://access.redhat.com/documentation/en-us/openshift_container_platform/4.1/html/architecture/architecture-rhcos`

14) Container-Optimized OS Documentation, `https://cloud.google.com/container-optimized-os/docs`

15) Bottlerocket - Linux-based operating system purpose-built to run containers, `https://aws.amazon.com/jp/bottlerocket/`

16) Overview of RancherOS, `https://rancher.com/docs/os/v1.x/en/`

# 索　引

〈著者略歴〉

### 安 倍 広 多 （あべ　こうた）

執筆担当：第 2 章，第 3 章，
　　　　　第 4 章（但し，4.3 節 4. は共著）
1994 年　大阪大学 大学院基礎工学研究科
　　　　　情報工学分野 博士前期課程 修了
2000 年　博士（工学）
現　　在　大阪公立大学 大学院情報学研究科 教授

### 松 浦 敏 雄 （まつうら　としお）

執筆担当：第 1 章，第 7 章（共著）
1979 年　大阪大学 大学院基礎工学研究科
　　　　　情報工学分野 博士後期課程 中退
現　　在　大和大学 理工学部 教授
　　　　　大阪市立大学名誉教授

### 石 橋 勇 人 （いしばし　はやと）

執筆担当：第 9 章
1989 年　京都大学 大学院工学研究科
　　　　　情報工学専攻 博士後期課程 退学
現　　在　大阪公立大学 大学院情報学研究科 教授

### 松 林 弘 治 （まつばやし　こうじ）

執筆担当：第 7 章（共著）
1995 年　大阪大学 大学院基礎工学研究科
　　　　　情報工学分野 博士後期課程 中退
現　　在　リズマニング 代表
　　　　　（フリーランスエンジニア）
　　　　　Project Vine 副代表

### 佐 藤 隆 士 （さとう　たかし）

執筆担当：4.3 節 4.（共著），第 5 章，第 6 章
1978 年　岡山大学 大学院工学研究科
　　　　　修士課程 修了
1985 年　工学博士
現　　在　大阪教育大学 情報基盤センター長
　　　　　（特任教授）

### 吉 田 　 久 （よしだ　ひさし）

執筆担当：第 8 章
1995 年　法政大学 大学院工学研究科
　　　　　電気電子工学専攻 博士後期課程 修了
　　　　　博士（工学）
現　　在　近畿大学 生物理工学部 教授

工学基礎シリーズ
## オペレーティングシステム

2022 年 9 月 14 日　　第 1 版第 1 刷発行

|      |                                          |
|------|------------------------------------------|
| 著　者 | 安倍広多・石橋勇人<br>佐藤隆士・松浦敏雄<br>松林弘治・吉田　久 |
| 発行者 | 村上和夫                                     |
| 発行所 | 株式会社 オーム社<br>郵便番号　101-8460<br>東京都千代田区神田錦町 3-1<br>電話　03(3233)0641(代表)<br>URL　https://www.ohmsha.co.jp/ |

© 安倍広多・石橋勇人・佐藤隆士・松浦敏雄・松林弘治・吉田　久 2022

印刷　三美印刷　　製本　協栄製本
ISBN978-4-274-22915-2　Printed in Japan

**本書の感想募集**　https://www.ohmsha.co.jp/kansou/
本書をお読みになった感想を上記サイトまでお寄せください．
お寄せいただいた方には，抽選でプレゼントを差し上げます．